• 甘蔗保护性耕作技术系列丛书 •

甘蔗深施肥技术与设备

葛 畅　张 培　董学虎　主编

中国农业科学技术出版社

图书在版编目（CIP）数据

甘蔗深施肥技术与设备 / 葛畅，张培，董学虎主编. —北京：中国农业科学技术出版社，2020.8

（甘蔗保护性耕作技术系列丛书）

ISBN 978-7-5116-4906-5

Ⅰ.①甘…　Ⅱ.①葛…②张…③董…　Ⅲ.①甘蔗-施肥　Ⅳ.①S566.106.2

中国版本图书馆 CIP 数据核字（2020）第 140022 号

责任编辑	徐定娜　李　雪
责任校对	马广洋

出 版 者	中国农业科学技术出版社 北京市中关村南大街 12 号　邮编：100081
电　　话	（010）82105169（编辑室）　（010）82109702（发行部） （010）82109709（读者服务部）
传　　真	（010）82106650
网　　址	http://www.castp.cn
经 销 者	各地新华书店
印 刷 者	北京建宏印刷有限公司
开　　本	787mm×1 092mm　1/16
印　　张	13
字　　数	309 千字
版　　次	2020 年 8 月第 1 版　2020 年 8 月第 1 次印刷
定　　价	48.00 元

前　言

　　甘蔗是世界最重要的糖料和能源作物，具有光合效率高、生物量高等特点。据国家统计局统计，2018 年我国甘蔗播种面积约 140 万 hm^2，年生产甘蔗约 1.08 亿 t。在甘蔗生产中，化肥起着越来越重要的作用。目前我国甘蔗生产化肥施用量很大，但由于施肥方法不当，化肥利用率不高，一方面造成巨大浪费，增加甘蔗生产成本；另一方面对生态环境产生不良影响，如氨挥发造成大气中氨浓度升高，进入水中的氮不仅造成河流与湖泊的污染，而且饮用水中过量的硝酸盐对人体有害。

　　从 20 世纪 80 年代开始，广西大学、广西农业机械研究院、华南农业大学、中国热带农业科学院农业机械研究所、广东省国营友好农场等，我国越来越多的科研机构和企业对甘蔗施肥机械进行了深入的研究，已研究推广多种机型。目前，我国国有农场、"双高"基地等甘蔗生产基本实现机械化作业，但其他蔗区还存在人畜作业，劳动强度大，成本高、效率低，甘蔗生产机械化水平较低，尤其田间管理环节中的耕作、施肥和培土等作业，仍停留在人畜力作业或半机械化作业的水平，存在"开沟浅、施肥浅、成本高"等问题，肥料利用率低、作业成本高、甘蔗亩产低，制约着产业的发展。

　　在国家有关部门的支持下，主产区各级政府认真贯彻中央精神和要求，出台政策，整合力量，突出重点，加大生产薄弱环节机械化推进力度，取得了良好成效。随着甘蔗生产机械化水平稳步提高，甘蔗深施肥技术也得到很好的推广，特别是在机械开沟种植施肥以及中耕管理方面。

　　1996 年至今，中国热带农业科学院农业机械研究所不断创新，先后与广东省徐闻县曲界友好农具厂、广西贵港动力有限公司、广西贵港市西江机械有限公司、广西双高农机有限公司等企业加强产学研合作，在农业农村部、广西农机技术推广站、广东农机技术推广站、海南农机技术推广站等多部门支持下，一直致力于甘蔗深施肥技术与设备的研究，取得了良好的成效。

　　本书从甘蔗深施肥技术现状、甘蔗深施肥机具设备、相关配套技术与设备、"互联网+"农机等方面进行整理、归纳和总结了 20 多年来在实施甘蔗深施肥技术示范和推广取得的成果和成效，促使我国在实施该项技术有更好的发展。

非常感谢广西农机技术推广站、广东农机技术推广站、海南农机技术推广站、徐闻县曲界友好农具厂、广西贵港动力有限公司、广西贵港市西江机械有限公司、广西双高农机有限公司等单位在甘蔗深施肥技术与设备探索研究过程中提供的支持。在成书过程中，不仅得到了公益性行业（农业）科研专项——作物秸秆还田技术（项目编号：201503136）、广东省科技创新战略专项资金竞争性分配项目——"互联网+"甘蔗保护性耕作技术示范基地建设（项目编号：2018A03002）的支持，还得到了社会学界许多前辈、同事和朋友们的热心指导和帮助，在此也一并致谢。

由于时间和水平有限，本书的疏漏和不当之处在所难免，敬请广大读者批评指正。

编　者

2020 年 5 月

目　　录

第一章 甘蔗深施肥技术概述

第一节 我国甘蔗施肥情况

甘蔗产业的发展关系到我国几千万产业工人和农民的民生。据国家统计局统计，2018 年我国甘蔗播种面积约 140 万 hm²，年生产甘蔗约 1.08 亿 t。在甘蔗生产中，化肥起着越来越重要的作用。目前我国甘蔗生产化肥施用量很大，但由于施肥方法不当，化肥利用率不高，一方面造成巨大浪费，增加甘蔗生产成本；另一方面对生态环境产生不良影响，如氨挥发造成大气中氨浓度升高，进入水中的氮不仅造成河流与湖泊的污染，而且饮用水中过量的硝酸盐对人体有害。解决这个问题的根本途径是采用肥料深施技术，而肥料深施又必须靠农业机械才能完成。

目前我国国有农场、"双高"基地等甘蔗生产基本实现机械化作业，但是我国大部分蔗区的生产基本上还是人畜力作业，劳动强度大，成本高、效率低，甘蔗生产的机械化水平较低，尤其田间管理环节的耕作、施肥和培土等作业，仍停留在人畜力作业或半机械化作业的水平，存在"开沟浅、施肥浅、成本高"等问题，肥料利用率低、作业成本高、甘蔗单产低，制约着产业的发展（韦丽娇 等，2019）。甘蔗生产机械化技术是降低甘蔗生产成本、促进蔗糖业发展、提高糖业国际竞争力的有效途径（王晓鸣，莫建霖，2012）。广东省国营友好农场，经过 1 年多艰苦深入的调查研究，反复探索，研制大型甘蔗施肥机获得成功，该机于 2000 年 3 月正式投入甘蔗大田施肥工作，深受广大蔗农、农业干部的喜爱（钟英民，2001）。但由于受当时中小型拖拉机数量的限制，中小型施肥机没有得到充分的重视。当前，国家力推小型农场，中小型拖拉机逐步进入中小型农场，发展配套机具显得尤为重要（董学虎 等，2013）。随着社会的发展，苦力劳工将会越来越短缺，劳务成本也将越来越高（孙悦平 等，2010）。而且还要分开沟、施肥、培土 3 道工序，这种田间管理方式费时、费工、作业效率低、劳动强度大，每天仅能完成 0.13 hm² 左右，而且人畜力作业施肥深度浅，施肥定位不精准，甚至有的未能撒施到沟里，造成肥料外露，增加了肥料的损失，降低了肥料的利用率（蒙世欢，2007；王峰 等，2006）。机械化作业无论是在管理成本方面，还是生产效率方面，效果都比人工作业佳（朱振恒，2012）。

第二节　甘蔗深施肥技术

一、技术概况

甘蔗深施肥技术，即采用机械技术，将肥料按甘蔗生产农艺要求定量、定位、定深度施入耕层土壤的施肥技术。通过实施该技术使用机械将肥料深施，可以提升化肥的利用率，使甘蔗产量质量提高，这有助于实现农民增产增收。同时可以减少化肥的使用量，能够减轻土壤的富营养化情况，很大程度上减轻了农业生产对环境造成的污染。

二、技术现状

1843 年，第一种化学肥料——过磷酸钙在英国诞生，1870 年德国生产出钾肥，20 世纪初合成氨研制成功（胡政权 等，2011）。由于化肥的使用在增加作物产量的同时还存在很多的副作用，发达国家采用信息技术，全程跟踪，根据作物的需求达到精量定位施用化肥，尽量减少化肥带来的副作用。发达国家通过提高化肥的品质和机械深施化肥，已使化肥的利用率达到 60% 以上（赵金，2012）。

（一）国外发展现状

世界发达国家的施肥机械化始于 19 世纪，1830 年美国公布了施肥机械的第一个专利——撒石灰机，到了 20 世纪 30 年代，施肥机械的生产制造已经初具规模，70 年代已拥有相当数量用于有机肥料与化肥的贮、运、装卸及田间作业的各类机具，从而实现了施肥过程的全面机械化（施卫省，訾琨，2004；Dharma wardene，2006；Yadav et al.，2009）。目前，国外施肥机械的类型和使用范围主要有以下几种形式（董学虎 等，2016）。

1. 离心式撒肥机

如图 1-1 所示，该装置是由动力输出轴带动旋转的排肥盘将化肥撒出，它有单盘式和双盘式 2 种。该撒肥机具有结构简单、质量较小、撒施幅度大和生产效率高等优点。

图 1-1　离心式撒肥机

2. 气力式宽幅撒肥机

如图 1-2 所示，该装置是利用高速旋转的风机所产生的高速气流，并配以机械式排肥器和喷头实现大幅宽、高效率撒施化肥。

图 1-2　气力式宽幅撒肥机

3. 种肥施肥机

如图 1-3 所示，该机械是在谷物播种机上安装施肥排肥器，在播种的同时播施种肥。目前在美国约有 45% 的谷物条播机、60% 的玉米播种机带有施肥装置，在欧洲等地区同样都在播种机上配备有施肥器（张李娴，2009）。

图 1-3　种肥施肥机

4. 高地隙双行管理机中耕施肥培土机

如图 1-4 所示，该机械配套施肥喷药机进行作业，拖拉机底盘能通过 1.2 m 高的甘蔗高度，工效高，效果好（阳慈香 等，2007）。

图1-4　高地隙双行甘蔗施肥培土机

国外的撒肥机都是适合大田作业的高速施肥机，尤其是在欧美等以大田种植为主的农场。目前国外的撒肥机技术研究水平已达到基于变量技术的变量撒肥机，国外农业发达国家已有的变量施肥机械大多是利用高速旋转的撒肥圆盘达到精准撒肥的目的，排肥理论和技术接近成熟和完善。一些发达国家机械化中耕管理技术已代替繁重的体力劳动，大大提高了施肥精度和作业质量，机械性能稳定，充分发挥了机械化中耕施肥技术精准、均匀和高效的优势。但是由于结构复杂、造价高及不同地理环境兼容性差等原因，国外大多数全自动机型无法在国内使用。

（二）国内发展现状

我国甘蔗机械的研制始于20世纪60年代初，早期主要是研制畜力甘蔗开行犁、畜力收割机及人力（手工）剥叶器具等简单机具。70年代中期到80年代中期，是甘蔗机械研制工作最旺盛时期（梁兆新，2003）。近年来，华南农业大学等高校和中国热带农业科学院农业机械研究所等科研院所相继开展了甘蔗生产机械的研究，也有相关的企业及蔗农研制甘蔗机械，研制的机型种类涵盖耕整地、种植、田间管理、收获和运输等各种甘蔗生产机械，为我国甘蔗生产机械化奠定了良好的基础，积累了丰富的经验。

国家对农业机械化十分重视，相继出台政策推动农业机械化进程。2010年，《国务院关于促进农业机械化和农机工业又好又快发展的意见》提出突破甘蔗收获机械化瓶颈制约，提升甘蔗耕种收机械化水平，到2020年基本解决甘蔗种植、收获机械化关键技术问题。2015年，国家发展和改革委员会、农业部联合印发了《糖料蔗主产区生产发展规划（2015—2020年）》，明确了稳定甘蔗产业发展的目标任务和保障措施，特别提出要加快推进全程机械化。从20世纪80年代开始，广西大学、广西农业机械研究院、华南农业大学、中国热带农业科学院农业机械研究所、广东省国营友好农场等，越来越多的科研机构和企业对甘蔗施肥机械进行了深入的研究，已研究推广多种机型。

（三）甘蔗深施肥技术推广应用情况

在国家有关部门的支持下，主产区各级政府认真贯彻中央精神和要求，出台政策，整合力量，突出重点，加大生产薄弱环节机械化推进力度，取得了良好成效（张桃林，

2016)。随着甘蔗生产机械化水平稳步提高，甘蔗深施肥技术也得到很好的推广，特别是在机械开沟种植施肥以及中耕管理方面。

近年来，为调动甘蔗主产区农民购机用机积极性，进一步加大了相关政策的支持力度，在增加农机购机补贴资金规模的同时，提高了甘蔗生产大型机具补贴标准。2015年，中央财政甘蔗收获机单机最高补贴额，由原来的20万~25万元/台提高到40万元/台，补贴对象也进行了适当的调整拓展；开展了甘蔗地深松整地作业补助试点；同时，财政部、农业部安排资金支持广西开展大型甘蔗机具金融租赁试点，促进了甘蔗生产机械化水平不断提高。2014—2015年榨季，全国甘蔗生产综合机械化水平达48.7%，较上个榨季提高约13个百分点，耕整地基本实现机械化，机械种植、收获也有新的突破。特别是广西"双高"示范基地的生产机械化取得突破性进展，除育种种植外，种管环节已基本实现机械联合作业。云南甘蔗生产机械化水平，虽然基础薄弱，但发展势头很好，与2019年相比，机械开沟增长260%，机械种植增长500%，机械中耕培土增长320%。

一些企业和科研单位，如广西农业机械研究院、广西大学、中联重科股份有限公司等也加大研发攻关力度，取得了可喜的成果。有的试制成功了样机，正在进行试验完善；有的完成了定型，开始小批量生产，进行示范推广；有的已通过推广鉴定，进入补贴推广阶段。

中国热带农业科学院农业机械研究所针对人畜力作业"开沟浅、施肥浅、成本高"、季节性干旱严重、施肥机具落后等现状，研发了八大系列甘蔗施肥机具，构建具有我国特色的"深开沟、深施肥、深破垄"甘蔗施肥机械化技术体系。以科研项目为纽带，连接研究所、企业、农机推广部门、农场、合作社、蔗农等，促进研究、生产和应用三结合，形成"深开沟、深施肥、深破垄"甘蔗施肥机械化技术体系，已在海南、广东、广西壮族自治区（全书简称广西）、云南等甘蔗主产区大面积应用。

此外，一些国外大型农机企业结合我国甘蔗生产实际改型完善的施肥机也在国内设厂生产，并得到蔗农的认可。当然，我们不单引进外企的产品，也有不少机构将产品出口到国外推广。如中国热带农业科学院农业机械研究所于2019年5月将1GYF-200型、1GYF-240A型甘蔗叶粉碎还田机和3ZSP-2A型甘蔗中耕施肥培土机共计20台样机出口印度尼西亚爪哇岛和苏门答腊岛，交付当地3个公司使用。其中，3ZSP-2A型甘蔗中耕施肥培土机是该所与广西双高农机有限公司联合研制的新型样机。2017年以来，中国热带农业科学院农业机械研究所已有11批次科研样机出口到印度尼西亚和柬埔寨等"一带一路"沿线国家。

第三节 甘蔗深施肥技术的作用和意义

一、甘蔗地机械化深施肥的作用

对甘蔗地深施肥培土作业可使甘蔗地土壤松碎透气，提高土壤蓄水保水能力，改善土壤土质，控制甘蔗多余的分蘖，去除杂草，增加养分，为甘蔗生长创造良好的条件，使用机械化深施肥对甘蔗生产发展有着十分重要的作用（刘胜利 等，2018）。

（一）有利于减少化肥的用量

甘蔗地机械化深施化肥能够很大程度减少化肥的用量，提升化肥的利用率，同时精确的深施化肥工艺，使得甘蔗生长所需的营养充足，且挥发的化肥量极少，很大程度地减少了化肥的浪费（吴爱明，2018）。

（二）有利于提高作物的产量

甘蔗地深施化肥能够有效地提高作物的产量。由于机械化作业能够将化肥的播撒深度控制在一定合理的范围内，使得每个植株生根后都能获得均衡的营养，且作物的根系扎得更深，吸收养分更充足及时，进而保证了作物的生长均衡与整齐，这更有利于作物整体的产量增加与质量提升。

（三）减轻了农业生产对环境造成的污染

甘蔗地深施化肥在减少化肥使用量的同时，也在很大程度上减轻了农业生产对环境造成的污染，化肥的精量化使用，使肥料随着水土流失的情况大大减少，这也减轻了化肥对耕地周围水资源的污染。同时，定量地使用化肥能够减轻土壤的富营养化情况，使土壤有利于恢复原生态的优良品质。

（四）有利于提高工作效率和降低成本

甘蔗地机械化深施化肥相对传统施肥而言能够提高工作效率，并且在很大程度上降低了雇佣工人的成本投入，工作效率高，在保证工作质量的同时，节约了农业生产的劳动时间。

二、甘蔗地机械化深施肥的意义

目前，甘蔗地在施肥培土耕作方面仍处于半机械化水平，用工量多、劳动强度大、效率低、成本高。同时施肥深度浅，施肥定位不精准，甚至有的未能撒施到沟里，造成肥料外露，降低了肥料的利用率。

从某种角度来讲，要想确保甘蔗稳产高产，就要施肥，如何科学合理施肥，才能最大程度地促进甘蔗生产，这是所有蔗农以及科研者需要思考的问题。实践证明，只有不断地优化施肥技术，才能有效达到目的。在甘蔗生产中，合理科学地施用化肥，不仅能够保障粮食安全，同时，还能推动农业的可持续发展进程。因此，应优化施肥结构，大力推广甘蔗地机械化深施肥技术，提高肥料利用率，这样才能让农业生态环境实现长效发展（林海荣，2017）。

机械作业无论是在管理成本方面，还是生产效率方面，效果都比人工作业佳。应用机械技术进行施肥培土作业能提高甘蔗养分利用率，增加单位产量，节约用工成本，比人工种植模式和畜力结合种植模式在出苗、分蘖、生长速度方面具有更好的促进作用，经济效益更加显著。甘蔗种植过程中，使用机械将肥料深施，可以提升化肥的利用率和减少化肥的使用量，使甘蔗产量质量提高，这有助于实现农民增产增收。同时减少化肥的使用量，能够减轻土壤的富营养化情况，很大程度上减轻了农业生产对环境造成的污染。因此，推广甘蔗地机械化深施肥对推进甘蔗可持续发展具有重大意义。

参考文献

董学虎，李荣，李官保，等，2016. 国内外甘蔗中耕施肥机现状与发展趋势 ［J］. 农业机械（上半月）10：143-145，148.

董学虎，卢敬铭，李明，等，2013. 3ZSP-2 型中型多功能甘蔗施肥培土机的结构设计 ［J］. 广东农业科学，40（15）：180-182.

梁兆新，2003. 甘蔗生产机械化发展状况探讨 ［J］. 中国农机化（2）：14-18.

林海荣，2017. 我国甘蔗生产施肥现状及提高肥料利用率的对策 ［J］. 南方农业，11（12）：117-118.

刘胜利，韦丽娇，李明，等，2018. 甘蔗地保护性耕作技术发展与动态 ［J］. 现代农业装备（1）：30-35.

施卫省，訾琨，2004. 国内外农机化施肥新技术 ［J］. 南方农机（3）：43-44.

王晓鸣，莫建霖，2012. 甘蔗生产机械化现状及相关问题的思考 ［J］. 农机化研究，34（10）：6-11.

韦丽娇，董学虎，李明，等，2019. 我国甘蔗机械化深施肥技术与装备研究进展 ［J］. 农业开发与装备（3）：156，161.

吴爱明，2018. 机械化深施化肥的应用及优势 ［J］. 农机使用与维修（3）：82.

阳慈香，黄小文，朱和源，2007. 高地隙拖拉机的引进及甘蔗田管配套机械的研制应用 ［C］//中国热带作物学会 2007 年学术年会. 391-401.

张李娴，2009. 摆管式撒肥机的研究与设计 ［D］. 杨凌：西北农林科技大学.

张桃林，2016. 大力推进甘蔗生产全程机械化 ［J］. 农机质量与监督（1）：4-7，38.

DharmaWardene M W N, 2006. Trends in farm mechanization by sugarcane small land holders in Sri LanKa ［J］. Sugar Tech, 8 (1)：16-22.

YADAV R L, YADAW D V, SHARMA A K, et al, 2009. Envisioning Improved sugarcane production technology for high yields and high sugar recovery in India ［J］. Sugar Tech, 11 (1)：1-11.

第二章 甘蔗深施肥机具设备

由于我国多年的传统耕作方式对土壤造成了严重的破坏，以及目前甘蔗生产可持续发展的迫切要求，因此深施肥技术在我国甘蔗耕作中应运而生，并且对实现我国甘蔗的可持续发展、提高甘蔗产量、改善土壤环境等尤为重要。

甘蔗施肥机的种类很多，按其结构和用途，主要可分为以下几类：①手扶式小型中耕施肥培土机；②中型轮式拖拉机配套的专用施肥机；③大马力高地隙拖拉机配套专用施肥机具；④甘蔗施水肥机；⑤自带动力专用施肥设备；⑥有机肥施肥机。

第一节 手扶式小型中耕施肥培土机

一、3ZFS-1型甘蔗中耕施肥培土机

广西在中耕机具开发方面走在前列，广西农业机械研究院和广西农业机械化技术推广总站等单位相继研制了一批以手扶拖拉机配套为主的中耕培土机和中耕施肥培土机（臧英，罗锡文，2009）。广西农业机械研究院研制成功的3ZFS-1型甘蔗中耕施肥培土机配套动力为11~15 kW手扶拖拉机，能进行中耕、施肥、除草联合作业，中耕深度为8~15 cm，对地块的平整度及机耕道要求不高，适用范围较广。ZF系列中耕培土施肥机以36~48kW中型轮式拖拉机为配套动力，可同时完成对甘蔗的施肥和培土作业。

（一）施肥机构的结构和工作原理

1. 施肥机构的结构

3ZFS-1型甘蔗中耕施肥培土机是由广西农业机械研究院研制的，它能进行中耕、施肥、除草、培土四位一体的联合作业，生产效率高、操作劳动强度低，对地块的平整度及机耕道要求不高，适用范围较广，能够极大地满足甘蔗生产的需要（范雨杭，2010）。3ZFS-1型甘蔗中耕施肥培土机如图2-1所示。施肥机构是一个对称的结构，左右两个大肥料斗装配在机构槽上，机构槽内即是施肥机构的核心部分，此施肥机构主要由以下几部分组成：一根手动轴、一对圆柱凸轮、一对轴承座、一对送料板和一对肥料斗。两个圆柱凸轮安装于主动轴上且内部中心旋转轴重合，随着主动轴的旋转而旋转，左右送料板通过送料板下部的凸头和圆柱凸轮的凹槽定位装配在一起。在圆柱凸轮

旋转带动下送料板做横向往复运动，主动轴定位于左右轴承座内，在存链轮的带动下带动整个施肥机构工作。肥料斗装配在送料板的上部。

图 2-1　3ZFS-1 型甘蔗中耕施肥培土机

2. 施肥机构的工作原理

图 2-2 所示为 3ZFS-1 型甘蔗中耕施肥培土机施肥机构的结构示意图，它由链轮、左右轴承座、圆柱凸轮、主动轴、一对送料板、一对肥料斗组成。当施肥机构施肥时链轮 1 通过链传动带动主动轴 4 旋转，固定在主动轴 4 上的圆柱凸轮 3 随主动轴 4 一起旋转，这时装配在圆柱凸轮槽内的柱形凸头和送料板 5 随着圆柱凸轮 3 的旋转，做横向往复运动，控制肥料从左肥料斗的左侧和右肥料斗的右侧同时落下。

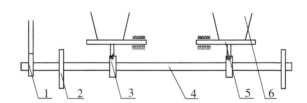

1. 链轮　2. 轴承座　3. 圆柱凸轮　4. 主动轴　5. 送料板　6. 肥料斗

图 2-2　施肥机构结构示意

（二）总　结

3ZFS-1 型甘蔗中耕施肥培土机配套动力为 11~15 kW 的手扶拖拉机，能进行中耕、施肥、除草联合作业，生产效率高，对地块及机耕道要求不高，适用范围较广，比较适合目前中国的国情。该机可驶入需要进行培土的两行甘蔗之间进行作业，施肥装置将肥料均匀地撒入两侧甘蔗的根部，经过改装的旋耕刀将两行甘蔗之间的泥土及杂草打碎、打烂，在旋耕机后的分土板的导向作用下泥土被甩向两侧的甘蔗根部，将杂草及已撒入甘蔗根部的肥料覆盖，完成对甘蔗的施肥培土作业。主要性能指标为：中耕深度 8~15 cm，培土高度 8~15 cm，除草率≥90%，碎土率≥85%，纯工作小时生产率≥0.133 hm²/h。该成果在小型甘蔗中耕机械中达到国内领先水平，投产后年产量 500~1 000 台。

二、配套手扶拖拉机小型甘蔗破垄施肥机

配套手扶拖拉机小型甘蔗破垄施肥机在 2013 年度获得国家知识产权局授权实用新型专利 2 项，机具结构简单、紧凑，适用于面积较小的甘蔗地破垄、施肥作业（许树宁 等，2014）。

（一）结构特点与工作原理

1. 结构组成

小型甘蔗破垄施肥机结构如图 2-3、图 2-4 所示，主要由手扶拖拉机、锥齿传动轮、蜗轮减速器、链轮、传动链、肥料箱、排肥器、犁架、升降犁液压油缸、液压油箱、尾轮液压油缸、液压油管、转向双尾轮、双路液压控制阀、破垄犁、固定夹板、液压油泵、输肥导向管、平行双连杆、拉杆、连接轴等部分组成。

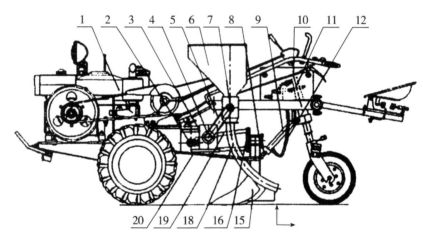

1. 手扶拖拉机 2. 锥齿传动轮 3. 蜗轮减速器 4. 链轮 5. 传动链 6. 肥料箱 7. 排肥器 8. 犁架 9. 升降犁液压油缸
10. 液压油箱 11. 尾轮液压油缸 12. 液压油管 15. 破垄犁 16. 固定夹板 18. 输肥导向管 19. 平行双连杆 20. 拉杆

图 2-3 小型甘蔗破垄施肥机结构

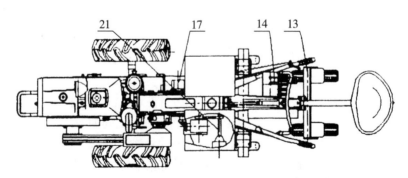

13. 连接轴 14. 液压油泵 17. 双路液压控制阀 21. 转向双尾轮

图 2-4 小型甘蔗破垄施肥机结构（续）

2. 主要部件设计

（1）破垄设施

宿根蔗破垄是将蔗垄两侧泥土犁翻入垄沟内，以便后续施基肥和松蔸作业。本机破垄设施主要由破垄犁、固定夹板、犁架、拉杆、平行双连杆、升降液压油缸等部件构成。

1）破垄犁：左、右各1把。两犁犁向向外。破垄犁尺寸越大，对土壤挤压作用增大，破垄入土阻力也随之增大，导致入土性能差，本机设计破垄犁尺寸宽度为15 cm，实践证明入土性能良好（陈建国，2002）。破垄犁可根据农艺破垄宽度要求通过固定夹板、螺栓分别固定安装于犁架左、右。

2）拉杆：拉杆为左、右2条，可通过拉杆中间螺母调节拉杆的伸缩和调整犁头入土的倾斜度。拉杆一端与破垄犁柱中间前面位置连接，另一端与手扶拖拉机半轴固定端盖上固定螺栓连接。

3）平行双连杆：平行双连杆端头与手扶拖拉机牵引框连接，另一端与犁架连接。下拉杆中间设有可调长短螺套，调节破垄犁耕深浅。

4）升降液压油缸：采用液压方式升降犁具。在破垄犁柱中间后面位置连接升降犁液压油缸，升降犁液压油缸的另一端连在手扶拖拉机尾轮立柱夹板上。

（2）施肥装置

施肥装置主要由施肥箱、排肥动力与动力传递等部件构成。

1）施肥箱：施肥箱分为左、右各1个，肥料箱下套装排肥器，排肥器下接弯向破垄犁后面的输肥导向管。

①肥料箱：肥料箱容积过大、盛肥多，肥料在自身重量和机车行走颠簸下容易压实、结块和产生架空，同时也增加拖拉机的负荷；肥料箱容积过小，装肥少，增加加肥次数，工作效率降低，故要尽可能将盛肥箱容积设计适中（肖桂泉，1993）。该机设计盛肥箱2个，安装在手扶拖拉机手把座组合件的左右，若两箱装满肥料（复合肥颗粒）质量约50 kg，即一次装满肥料可施甘蔗0.07～0.08 hm²，有利于提高生产效率。

②排肥器：排肥器安装在肥料箱的下方，它是施肥机中一个极其重要的部件，设计的好坏将直接影响施肥质量和正常排肥。本机排肥器设计成外槽轮式排肥器，由外槽轮、槽轮套、排肥盒、轴承、转动轴及阻塞挡圈组成。槽轮直径为70 mm，槽叶为6张，槽深为25 mm，槽轮工作长度为60 mm。槽轮固定在传动轴上，与槽轮套占据排肥盒内一定的位置，随着轴的转动即可排肥。槽轮套可改变槽轮在排肥盒内的工作长度。当槽轮套移出排肥盒，使得工作长度变大；反之则变小，以此调节排肥量。当转动轴转动时，充满在槽轮凹槽内的肥料随槽轮一起转动，在轮齿推动下被强制从排肥口排出（何雄奎，刘亚佳，2006；扶爱民，齐园，2009；温礼等，1994）。

③输肥导向管：输肥导向管是将肥料箱中的肥料从排肥口输送到破垄后的垄沟内，从农艺程序来说是先破垄后施肥，因此，输肥导向管一端与肥料箱的排肥口连接。另一

端固定在破垄犁的后端。

2）排肥动力与动力传递：排肥器工作动力的选择，是保证和提高排肥工作性能的基本条件，对排肥器排肥量的稳定性有着重要影响（肖桂泉，1993）。目前，旱地施肥机具的动力来源有地轮轮轴驱动和动力输出轴驱动，该机采用拖拉机动力输出轴驱动。

①传动轴：传动轴由液压油泵框左侧伸出，由拖拉机齿轮箱驱动，轴头装有锥齿传动轮。

②蜗轮减速器：蜗轮减速器下连接板螺栓固定在手扶拖拉机拖卡连接框下，两肥料箱共用1个，主要作用是降低拖拉机输出传动轴的转速。蜗轮减速器动力输入轴头安装锥齿传动轮，动力输出轴头安装链轮。

③链条与链轮：蜗轮减速器输出轴和两排肥器中间传动轴上装有链轮，链条通过这2个链轮将蜗轮减速器输出的动力传送到排肥器上。

④离合器：离合器的主要作用是分离和接合排肥器的动力。采用牙嵌式离合器，套装在肥料箱的传动轴上，通过拉杆与安装在手扶拖拉机纵梁上的拉杆连接。

动力传动过程是由蜗轮减速器输入轴通过一对锥齿传动轮与手扶拖拉机齿轮箱后左输出传动轴连接，经蜗轮减速器变速后的动力，由输出轴上的链轮通过链条与两排肥器传动轴上的链轮连接，再通过离合器操纵排肥槽轮的转动或不动，从而决定肥料的排放。

（3）转向双尾轮

该机将原手扶拖拉机的单尾轮改换为双尾轮行走机构，可避免单尾轮在垄上作业压坏蔗苑，而且尾轮容易滑向垄底走偏，甚至造成翻车，更适用于有垄作物的跨垄行走作业使用。同时，采用升降油缸代替人力螺杆升降尾轮，还可减轻机手的劳动强度，提高工作效率。该机双尾轮行走结构主要由手扶拖拉机纵梁、升降油缸套筒、连接卡、升降油缸、左右平衡拉弹簧、连接销、卡槽、限位块、尾轮中梁、左、右尾轮横架、尾轮组成，详见图2-5。

1）升降油缸：升降油缸套筒是套在升降油缸外面，穿过手扶拖拉机纵梁，拧紧连接卡螺栓固定在纵梁上，升降油缸端头为单耳环。

2）尾轮中梁：在尾轮中梁中间焊接有卡槽，卡槽开有连接销孔，在卡槽旁边适当的位置上焊接有限位块；中梁的左、右外端头开有尾轮横架连接孔；其左、右适当的位置上边后侧焊有踏板，端头开有左右平衡拉弹簧孔。

3）尾轮横架：尾轮横架主要是起支撑尾轮及与尾轮中梁连接的作用，左、右各由1块面板、2块向下凹形竖板组成。2块向下凹形竖板分别焊接在面板的一端下方，凹形竖板下端开有开边孔；横架顶端焊接有与中梁连接的连接板，在连接板的适当位置上开有连接长孔。

4）平衡拉弹簧：平衡拉弹簧左、右各1条，弹簧的一端连接左、右尾轮横架的弹簧孔，另一端则连在手扶拖拉机纵梁下的连接弹簧孔上。

（4）液压系统

液压系统主要由液压油泵、双路液压控制阀、液压油箱及液压油管组成。

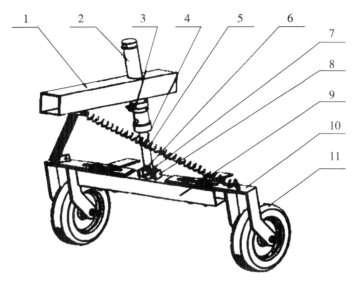

1. 手扶拖拉机纵梁 2. 升降油缸套筒 3. 连接卡 4. 升降油缸 5. 左右平衡拉弹簧
6. 连接销 7. 卡槽 8. 限位块 9. 尾轮中梁 10. 左、右尾轮横架 11. 尾轮

图 2-5 双尾轮行走结构

1）液压油泵：液压油泵与手扶拖拉机齿轮箱后右输出轴连接。

2）双路液压控制阀：双路液压控制阀焊接在手扶拖拉机纵梁的右侧。

3）液压油箱：液压油箱安装在手扶拖拉机纵梁的左侧，油箱上设 2 个回油孔、下设 1 个出油口。

4）液压油管：液压油管有 6 条。按照液压程序原理，第 1 条由液压油泵进油口连接油箱出口；第 2 条由液压油泵出油口连接双路液压控制阀进油口；第 3 条由双路液压控制阀泄油口连接液压油箱 1 回油口；第 4 条由双路液压控制阀 1 出油口连接升降犁液压油缸；第 5 条由双路液压控制阀 2 出油口连接尾轮液压油缸；第 6 条由双路液压控制阀回油口连接液压油箱 2 回油口。

3. 工作原理

工作时，甘蔗破垄施肥机在蔗地对好垄，把手扶拖拉机后驱动挡挂上后，手扶拖拉机齿轮箱后右输出轴转动带动液压油泵工作后，操纵双路液压控制阀手柄，控制升降犁液压油缸、尾轮液压油缸升降，按农艺要求调整破垄犁破垄作业深度；同时，手扶拖拉机齿轮箱后左输出轴转动带动锥齿传动轮，驱动蜗轮减速器、链轮、传动链、链轮转动，通过离合器手柄及拉杆操控左、右排肥器转动排出肥料；根据农艺要求调整好施肥器出肥料量后，这时挂手扶拖拉机工作前进挡，手扶拖拉机向前行走，拖动破垄犁前进破垄，肥料箱肥料经施肥器定量排出肥料流经输肥导向管施入破垄后的沟里；人坐在手扶拖拉机坐凳上，双脚踏在转向双尾轮左右转向踏板上，双手握手扶拖拉机手把，或操纵双路液压控制阀手柄，控制破垄施肥机前进、转向、调整破垄深度、提升破垄犁，进行破垄、施肥作业。

（二）主要技术参数

主要技术参数见表 2-1。

表 2-1 技术参数

耕作形式	坐耕	挂接方式	套装	配套手扶动力（匹）	15~20
结构重量（kg）	185	外形尺寸（mm）	1 300×900×1 300	破垄器数量（铧犁）	2
犁耕深度（mm）	150~200	耕作幅度（mm）	300	耕作行数（垄）	1
肥料箱数量（个）	2	盛肥总容重（kg）	50	肥料土壤覆盖率（%）	≥85
作业速度（km/h）	≥1.0	纯工作生产率（km²/h）	≥0.12	纯工作主燃油消耗（L/hm²）	≤6.6

（三）讨论与结论

1）该甘蔗破垄施肥机可一次性完成宿根蔗地破垄、施肥作业，也可以根据农艺要求有选择地单独破垄、施肥作业。

2）双尾轮跨垄作业，可避免单尾轮行走在垄上容易压坏蔗头或新发蔗芽的弊病。

3）与一些大、中型拖拉机牵引式的破垄、施肥相比，其机型小，具有良好的地头掉转特性，非常适合丘陵蔗地、地块小的耕作环境。

4）与手扶拖拉机其他机具相配套，起到一机多用的效果，进一步提高手扶拖拉机的利用率。

该机配套在手扶拖拉机上对甘蔗生产中宿根蔗地进行破垄、施肥作业，是一种结构简单、紧凑，作业质量好、效率高、成本低的多功能作业的小型甘蔗机具，具有较好的推广应用前景。

三、多功能甘蔗中耕机的研究与设计

（一）研究要求与指标

以手扶拖拉机为配套动力，可分项或联合完成甘蔗苗期中耕、施肥、培土作业，肥料箱容量为 30 kg 左右。施肥量可调节，培土高度（从沟底至垄顶）可在 10~25 cm 调节，生产率为 0.067~0.1 hm²/h（1~1.5 亩/h）（温礼 等，1994）。

（二）结构设计与参数选择

多功能甘蔗中耕机与工农-12K 手扶拖拉机配套使用。它的结构由螺旋式培土机和施肥机两大工作部件组成。这两大工作部件可以集中安装在手扶拖拉机上实现联合作业，也可单独安装实现单项作业。多功能甘蔗中耕机的结构见图 2-6。

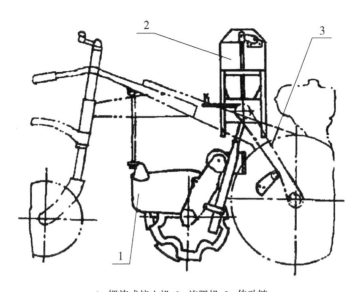

1. 螺旋式培土机 2. 施肥机 3. 传动链

图2-6 多功能甘蔗中耕机结构

1. 螺旋式培土机设计

螺旋式培土机由手扶拖拉机的动力输出轴驱动，其结构主要包括培土螺旋、机架与传动装置，见图2-7。

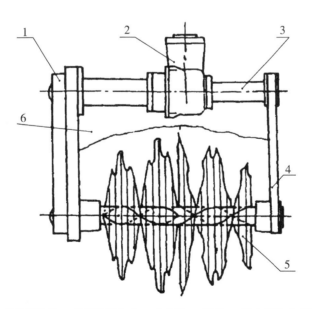

1. 链轮箱总成 2. 锥齿轮箱总成 3. 右支臂 4. 撑板 5. 培土螺旋 6. 罩壳

图2-7 螺旋式培土机结构

（1）培土螺旋

培土螺旋是螺旋式培土机的关键工作部件，它的作用是除草、碎土并把土壤向两侧推移实现培土。

根据培土的特点，培土螺旋设计成中间直径大、两端直径小，从中间至两端螺旋直径按阿基米德螺线递减。左段（靠近链传动端）螺旋为双头右旋螺纹，右段螺旋为双头左旋螺纹。左、右两段螺旋的起始端位于培土螺旋的中间横截面内，互相错开90°。培土螺旋的设计应注意以下两点。

1）必须使土壤微粒沿轴向向外运动，即微粒的运动速度方向由里向外（与螺旋的法向偏斜一摩擦角），其条件为：

$$\tan\alpha \leq \frac{1}{\tan\varphi} \text{ 或 } \alpha \leq 90° - \varphi$$

式中：α—螺旋角；φ—土壤与钢板的摩擦角。

螺旋面上各点的螺旋角是不等的，半径最小处 α 最大，因此只要内径处的 α 角满足上述条件即可。

2）必须使被切削的土壤及时由螺旋面输送出去，即螺旋面的输送量要大于切削量。螺旋面的输送量可由下式求出：

$$Q = \varphi\pi(R^2 - r^2)\frac{sn}{60} \quad (\text{m}^3/\text{s})$$

式中：φ—充满系数；R—螺旋外径，m；r—螺旋内径，m；s—螺纹导程，m；n—培土螺旋转速，r/min。

切削量可近似地按下式求出：

$$V = bvh \quad (\text{m}^3/\text{s})$$

式中：b—培土螺旋的工作幅宽，m；v—机组前进速度，m/s；h—耕深，m。

据上所述，确定培土螺旋的技术参数：

螺旋最大直径：52 cm；

螺旋最小直径：34 cm；

螺旋导程：22 cm；

螺旋头数：2；

螺旋工作长度：44 cm。

左、右两段螺旋的旋向取决于以下几点。

1）培土螺旋工作时必须使土壤沿轴向由中间向两侧输送。

2）培土螺旋轴的转动方向。

3）有利于减少沟底回土。

经理论分析与模拟试验发现：当培土螺旋轴的转动方向与相配套的手扶拖拉机驱动轮的转动方向相反时，培土效果最好。

（2）螺旋式培土机的机架与传动装置

采用与工农-12K 手扶拖拉机配套旋耕机的机架与传动装置，需经适当的改装，改装要点如下。

1）将链传动装置从右侧改装到左侧，以使培土螺旋轴的转动方向与手扶拖拉机驱动轮的转动方向相反。

2）拆除原旋耕机的锥齿轮箱总成的左支臂，改装本机的右支臂。

3）拆除原旋耕机的挂梁、罩壳，换装本机的挂梁、罩壳。

4）拆除原旋耕机的旋耕轴，改装本机的培土螺旋轴。

螺旋式培土机由手扶拖拉机的动力输出轴传动。

2. 施肥机设计

（1）施肥机的整体布置

如前所述，施肥机与螺旋式培土机可以同时挂接在手扶拖拉机上实现联合作业，也可以单独安装在拖拉机上进行单项作业。

中耕培土结合施肥，从农艺程序来说是先施肥后培土，使肥料接受土壤粗盖，更好地保持和发挥肥效，因此施肥机应置于培土机的前方。为了改善机手的视线，简化传动结构，提高机组的稳定性，故将施肥机设计成具有 2 组工作部件的马鞍形结构，安装在拖拉机的扶手架上，每组工作部件向一行甘蔗施肥。施肥机采用手扶拖拉机的驱动轮轴通过链传动副传动。

（2）施肥量的确定

甘蔗施肥一般是氮、磷、钾配施，基肥与追肥相结合。磷肥、钾肥宜与有机肥混合作基肥施用。目前甘蔗追肥以氮素化肥为主，最常用的是尿素。掌握氮素化肥的适宜施肥期和施肥量，是提高甘蔗产量和经济效益的关键。氮肥要早施，生长期为一年左右的春植甘蔗多趋向于植后 3~4 个月内分 2~3 次施完全部氮肥。其中施肥量最大的一次是施攻茎肥，在甘蔗分蘖盛期至伸长盛期进行，其用量占全期用量的 60%。

综上所述，在进行甘蔗施肥机设计时，设计放肥量应大于甘蔗全期氮素化肥施用量的 60%，并且施肥量应可调节，以适应不同施肥期的需要。由此确定施肥机的设计施肥量为 225~750 kg/m^2，施肥量可以调节。

（3）肥料箱容积的确定

肥料箱容积的大小应与地块长度和施肥量相适应，同时也应考虑肥料箱容积对机组稳定性与牵引阻力的影响。肥料箱容积由下式确定：

$$V = \frac{KABQ}{\gamma} \times 10^{-4}$$

式中：V—肥料箱容积，L；A—要求施肥长度。我国的蔗区地块一般较小，按往返 2 行程装 1 次肥料计算，取 A = 400 m 是适宜的；B—甘蔗行距，我国的甘蔗行距一般为 0.9~1.1 m，取 B = 1 m；γ—化肥容积质量，尿素的容积质量 γ = 0.72 kg/L，在氮素化肥中是较小的，可作为计算依据；K—容积系数，K = 1.25；Q—每公顷施肥量。根据施肥机的设计施肥量，取 Q = 600 kg。

将上述各参数值代入公式，得：V = 41.7（L）。

由于施肥机的工作部件为 2 组，每个肥料箱的设计容积为 20 L 左右。

（4）施肥机的化肥输送、排施、排量控制元件

1）化肥输送元件：肥料箱内设置有由偏心轮驱动的做上下往复运动的搅拌器，其作用是搅拌肥料箱内的化肥，防止架空，并有一定程度的输送作用。搅拌器行程为60 mm。

2）化肥排施元件：设置于肥料箱的下部，属水平轴旋转式排出机构（槽轮式），槽轮直径为70 mm，槽数为5，槽深为19 mm，槽轮的工作长度为146 mm。化肥排出机构由手扶拖拉机的驱动轮轴通过链传动副及其他传动件传动，传动比为1。

排肥槽轮的结构参数参照下式确定：

$$Q_1 = \pi d l \gamma \left(\frac{\alpha_a f_q}{t} + \lambda \right)$$

式中：Q_1—槽轮每一转的设计排肥量，g；d—槽轮外径，cm；l—槽轮的有效工作长度，cm；γ—化肥容积质量，g/cm³；α_a—槽内化肥充满系数，由实验得出；f_q—单个槽的截面积，cm²，可由计算求得；t—槽轮凹槽节距，cm，$t = \frac{\pi d}{Z}$，Z 为槽数；λ—带动层特性系数，由实验得出。粗略估算时，几可忽略不计。

3）排量控制元件：设置在排施元件的下面，属活门式控制，通过调节活门的开启度来控制化肥排量。施肥机的主要技术参数如下：

肥料箱容量（2 箱合计）：38 L。

施肥量：255~750 kg/hm²；范围内可调。

肥料搅拌器行程：60 mm 手拖驱动轮轴至排肥槽轮轴传动比1∶1。

四、多功能肥膜药一体化轻便型耕作培土机的研制

（一）主要工作结构与原理

1. 基本结构

如图 2-8 所示，多功能肥膜药一体化甘蔗中耕培土机包括机架、行走装置、物料搅拌装置、带传动装置和盖膜装置5 个部分（黄振瑞 等，2013）。行走装置包括1 对安装在机架底部并且通过轮轴连接起来的中耕车轮；物料搅拌装置包括设置在机架顶部并且其底部具有出料口的物料箱、设置在物料箱中下部的搅拌机构和设置在物料箱出料口上方的导料开口；带传动装置包括设置在轮轴上的主动皮带轮、从动轮组件、第3从动皮带轮、传动皮带及张紧皮带离合器；盖膜装置设置在中耕车轮的后方，并且包括覆膜架、设置在覆膜架前面的覆土板和设置在覆膜架后面的压膜板。

2. 工作原理

施肥、施药、覆膜一体化设备的工作原理：施肥、施药、覆膜一体化设备可以用手扶拖拉机带动进行作业，在播好种的甘蔗田上，利用施肥、施药、覆膜一体化设备进行施肥、施药、覆膜。

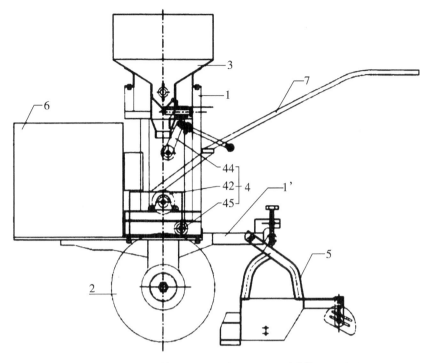

1. 机架　2. 行走装置　3. 物料搅拌装置　4. 带传动装置　5. 盖膜装置　6. 发动机　7. 把手

图 2-8　多功能肥膜药一体化轻便型耕作培土机

施肥、施药作业：其中物料搅拌装置内设有由偏心轮驱动的做上下往复运动的搅拌器，其作用是搅拌肥料箱内化肥，防止架空，并有一定程度的输送作用。搅拌器行程为 60 mm。化肥、农药排施元件设置于肥料箱的下部，属水平轴旋转式排出机构（式），槽轮直径为 70 mm，槽数为 5，槽轮的工作长度为 146 mm。槽轮由手扶拖拉机驱动轮轴通过链传动及其他传动件传动，传动比为 1。排量控制元件设置在排施元件的下面，属阀门式控制，通过调节阀门的开启度来控制化肥、农药排量。

盖膜作业：覆膜机的压膜辊将浮土压实并将薄膜定位，压膜辊后面的压膜轮将膜两边压在垄沟底，由覆土轮覆土将膜两边压紧，并由压膜轮将泥土挡在压膜轮两边实现覆膜、压土，完成作业。

物料搅拌装置和进口装置由框架连接安装成一个整体部件，固定在机座上。排放装置的转动由手扶拖拉机驱动轮上安装的链轮带动驱动轴上与链轮连成一体的正齿轮，再由齿轮通过离合器带动。化肥、农药排放器和覆膜起落装置通过升降手柄，可使排出管和覆膜机升起到运输位置或下降到工作位置。

（二）技术参数及性能指标测试

田间试验地点选在广州甘蔗糖业研究所湛江甘蔗研究中心新桥试验基地进行，土壤肥力中等，为沙壤土，含水率为 20%，土壤坚实度为 12.8 N/cm²。由华南农业大学甘蔗农机专家对该机性能进行测试，测试的主要结果如表 2-2 所示。

表 2-2　多功能肥、膜、药一体化甘蔗中耕培土机的主要技术参数

项目	参数	项目	参数
配套动力（kW）	8~12	松土深度（mm）	100~350
外观尺寸（长×宽×高）（mm）	2 010×650×1 260	松土沟宽（mm）	900~1 200
		培土高度（mm）	160~260
重量（kg）	<200	覆膜宽度（mm）	300~450
适应甘蔗行距（m）	0.9~1.25	除草率（%）	95
依次作业行数（行）	1	碎土率（%）	86
生产率（hm²/h）	0.08~0.13	伤苗率（%）	<5
物料装置（kg）	<30	油耗（L/hm²）	4.5~12

通过田间试验测试技术参数，该机能一次完成施肥、施药、覆膜工序，实现施肥、施药、盖膜、培土等一体化多功能作业。作业效率是人力手工作业的 10 倍以上，节省肥料 8%，种 1 hm² 甘蔗可节省 1 500 元以上的劳动成本，伤苗率低，伤苗率不超过 5%，肥药的施用比人畜力作业更加均匀，甘蔗养分吸收效率提高，可促进甘蔗生长，增加甘蔗产量。

（三）一体化机的主要特点

1）施肥、施药、覆膜一体化设备主要是针对广东省甘蔗种植特性而研制，具有自动化程度高、适应性广、成本低、实现机械化操作等特点。

2）一次性完成施肥、施药、地膜覆盖，施肥、施药和盖膜装置有机地整合，合 3 为 1；覆膜机覆土轮采用梅花式轮盘，具有操作方便、便于覆土、覆土轮角度和高度可调、地膜露光面可调、机架盖膜宽度可调、压膜轮宽度可调等特点。

3）机型小、质量轻，具有良好的地头调转特性，非常适合广东省丘陵地、地块小的耕作环境。

（四）总　结

综上所述，多功能肥膜药一体化轻便型耕作培土机具备较好的稳定性，适用于在行距为 0.9~1.25 m 的甘蔗行内进行甘蔗播种、苗期的耕作作业，可以达到覆膜除草、施肥、施药、碎土除草、破垄培土的目的。一体化机耕作与人畜力劳作相比，具有效率高、成本低、节肥、提高肥料利用率、轻便等特点，而且机械化配套农艺栽培技术还可促进甘蔗生长，实现甘蔗增产的功效。因此，该设备的研制成功，有助于推动广东省的甘蔗生产实现机械化、专业化、集约化生产，促进广东省甘蔗产业链的延伸，做大做强蔗糖产业。

第二节　中型轮式拖拉机配套的专用施肥机

一、3ZSP-2 型中型多功能甘蔗施肥培土机

中国热带农业科学院农业机械研究所和广西贵港市西江机械有限公司合作开发了

3ZSP-2 型中型多功能甘蔗施肥培土机（董学虎 等，2013）。如图 2-9 所示，能一次性完成旋耕除草、开沟、施肥、培土等作业，适应热带地区土壤条件，尤其适用于甘蔗中耕管理作业。

图 2-9　3ZSP-2 型中型多功能甘蔗施肥培土机

（一）工作原理和结构特点

1. 设计原则

1）适用于甘蔗地中耕施肥，需要结合我国南方旱作种植甘蔗的农业工艺、农艺的实际情况，在吸收国内外先进联合作业机的基础上，设计出一种结构合理、符合我国热带地区甘蔗地实际情况的联合作业机具（Srivastava，1995；陆绍德，2005；梁有为，2003；陈建国，2002）。

2）具有防堵塞功能。由于甘蔗地里的杂草、甘蔗叶等的影响，容易堵塞到机具，因此要设计具有防堵塞功能的旋耕装置。

3）产品多功能既适用于中耕施肥培土，又适用于宿根甘蔗的破垄、施肥和培土，且能与 22~29 kW 轮式拖拉机配套；施肥均匀，不断条，施肥深度在 5~25 cm 可调。

4）主要零部件的互换性和可靠性保证作业效果和可靠性，并且在结构强度允许的前提下，尽量优化设计以减轻机具的重量、节省材料、方便运输，同时注意零件的互换性、可装配性等要求。

2. 结构特点

3ZSP-2 型中型多功能甘蔗施肥培土机主要包括旋耕装置、双边齿轮传动装置、排肥装置、培土犁、肥料箱等，如图 2-10 所示。肥料可按实际的需要施到靠近甘蔗头部位，其具体位置的改变可调节固定螺栓。排肥装置主要由螺旋轴、肥料筒、卸肥软管、链传动、活动板等构成，左、右各 1 个对应于 1 行甘蔗，通过螺旋轴把肥料定量均匀送到沟中。并根据需要可调整活动板与肥料筒的间隙来调整施肥量,以达到按需施肥的目的。培土犁由主架和培土板等组成,左、右对称各1个,可通过其后面的螺栓来调节培土板的宽度,以达到不同培土深度和宽度的目的。

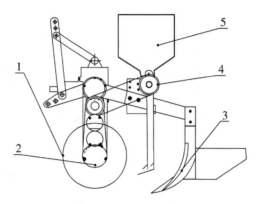

1. 旋耕装置 2. 双边齿轮传动装置 3. 培土犁 4. 排肥装置 5. 肥料箱

图 2-10 3ZSP-2 型中型多功能甘蔗施肥培土机结构示意

3. 工作原理

拖拉机动力经动力输出轴、万向节总成传至机具中间传动箱锥齿轮轴,通过1对锥齿轮减速并改变方向,再通过齿轮减速将动力传至左右刀轴驱动弯刀旋转,进行除草和开沟;排肥结构为转盘刮板式,通过转盘转动,使肥料沿刮板上升并侧向偏移,从而定量均匀送到沟中;培土犁紧接着覆盖肥料,并向甘蔗头部堆积成垄,完成开沟、施肥和培土等作业工序。

(二)关键工作部件设计

1. 旋耕刀动力传动系统分配

动力及传动系统的分配见图2-11。中型多功能甘蔗施肥培土机关键工作部件通过拖拉机传动轴传出源动力,通过齿形皮带轮由带轮装置将动力传递到槽轮,槽轮通过与之相连的变速箱将动力传递给中耕机的一级变速箱,然后一级变速箱将动力传递给可调速的二级变速箱,二级变速箱通过内置齿轮传动传递给旋耕刀轴合适的旋转速度,然后通过旋耕刀轴传递给安装在其上的旋耕刀驱动旋耕刀进行中耕除草。

图 2-11 动力传动系统示意

2. 破垄犁的设计

破垄（松土）器应按农艺技术要求，将肥料集中输送到所需深度的土壤中，并能覆盖肥料。破垄器由施肥深度调节板、排肥管、松土铲片等组成（图2-12），调整排肥管前后位置即可调节施肥深度。破垄器入土角和尺寸越大，对土壤挤压作用增大，破垄松土阻力也随之增大，导致入土性能差。为减少入土阻力，本机设计的凿形犁铲面与排肥管成120°，入土隙角 $B=30°$。经试验证明，入土性能良好。破垄器破垄松土后，土壤在势能作用下流回沟中覆盖肥料。对土壤回流能力影响较大的是破垄器宽度，一般情况下，破垄器宽度大于排肥管直径40 mm左右即能满足在保证施肥深度的前提下迅速覆土的要求。

3. 培土犁的设计

培土犁设计为可拆卸式双壁平面型，由凿形犁、左右培土板、犁柱等组成（图2-13）。凿形犁和左、右培土壁组成一个双向犁体工作面，工作时凿形犁切入土中将土壤铲松挤碎，左、右培土壁紧接着将土翻向两侧，完成培土工作。培土壁用螺栓固定在犁柱上，左、右培土壁的张度由调节臂调节。

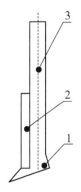

1. 凿形犁 2. 施肥深度调节板 3. 排肥管

图 2-12　破垄器结构示意

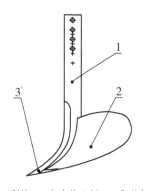

1. 犁柱 2. 左右培土板 3. 凿形犁

图 2-13　培土犁结构示意

4. 排肥装置的设计

排肥器是施肥机中一个极其重要的部件。转盘式排肥器安装在蜗轮蜗杆减速器输出轴上。组成肥料箱的一部分（图2-14）。转盘在动力作用下转动，肥料依靠重力自行由肥料箱进入转盘，并在离心力作用下进入排肥位置。由于转盘转动，使肥料沿刮肥板上升并侧向偏移，最后肥料离开刮肥板经排肥管落入已开好沟的土壤中。上下调整刮肥板的位置，即可调整施肥量的大小。

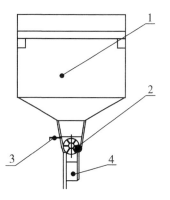

1. 肥料箱 2. 转盘 3. 刮肥板 4. 排肥管

图 2-14　肥料装置结构示意

(三) 结果与分析

在土壤含水率为 26.1%时，进行田间性能试验，经检验测试，3ZSP-2 型中型多功能甘蔗施肥培土机主要技术参数和性能指标测定结果如表 2-3 所示。

表 2-3　主要技术参数和性能指标

序号	技术参数	性能指标
1	外观尺寸（长×宽×高，cm）	1 450×1 230×1 560
2	样机总质量（kg）	320
3	配套动力（kW）	22.05～36.75
4	机具行数	2
5	刀片类型和数量	IT245 弯刀、左右各 16 把
6	刀辊回转半径（cm）	220
7	刀辊转速（r/min）	225
8	纯工作小时生产率（hm²/h）	0.25
9	施肥深度（cm）	18.0
10	施肥深度稳定性系数（%）	93.0
11	旋耕深度（cm）	12.0
12	旋耕深度稳定性系数（%）	91.0
13	单位面积燃油消耗量（kg/hm²）	15.2

1. 施肥质量

对于粒状干燥肥料，无架空和断条现象，施肥均匀性比手工作业大大提高。施肥量可根据实际需要进行调整，保证按需施肥。

2. 开沟质量

开沟施肥平均深度为 18 cm，施肥深度稳定性系数为 93%。机械作业深度比畜力作业型深约 4 cm，达到深施化肥的目的，且开沟深度稳定性好。

3. 培土质量

只有在每行始末位置有很少量的肥料撒落地面，培土厚度为 11.13 cm。能有效防止肥料挥发，符合农艺要求。

4. 甘蔗损伤情况

试验地甘蔗种植行较直，机手操作较熟练，未见蔗头、蔗苗损伤。

5. 生产率

试验结果表明，生产率较高。生产率高低主要与土壤、甘蔗情况、机手和拖拉机等有关，总体作业效率比畜力作业提高 3 倍。

6. 燃油消耗量

单位面积燃油消耗量为 15.2 kg/hm^2。

（四）机具使用经济效益分析

1. 作业成本

3ZSP-2 型多功能甘蔗施肥培土机作业成本分为直接作业成本和设备折旧、维修成本（周秋霞 等，2013）。

（1）直接作业成本

每天作业时间为 8 h，作业小时生产率为 0.2 hm^2/h，则每天可中耕面积为 1.6 hm^2；单位面积燃油消耗量为 15.2 kg/hm^2，按柴油价格为 8.0 元/kg 计，则每天的燃油费用为 194.56 元；人工费用为每人每天 80 元，需要 3 人配合作业，则每天人工费为 240 元。由此可见，2 项综合的直接作业成本约 194.56+240=434.56（元），折算到每公顷直接作业成本为 271.60 元。

（2）设备折旧、维修成本

每台机具 8 000 元，配套的小拖拉机 3 万元，使用年限为 5 年，则设备折旧费用为 0.76 万元/年；年工作时间为 100 天，则每天折旧费用为 76 元；管理和维修费每天 10 元。所以每天的设备折旧、维修成本总费用为 86 元。每天中耕面积为 1.6 hm^2，可以计算出，每公顷的设备折旧和维修等费用约为 53.75 元。

（3）作业成本

作业成本为直接作业成本和设备折旧、维修成本之和，即每公顷的作业成本为 271.60+53.75=325.35（元）。

2. 经济分析

目前，用牛犁的方法进行甘蔗中耕每天作业量约 0.13 hm^2，人畜施肥培土总费用为 650 元/hm^2（农场专业户的一般收费标准）。可以看出，3ZSP-2 型多功能甘蔗施肥培土机作业成本约为人畜作业成本的 50%，每公顷节省作业开支 650-325.35=324.65（元），按年作业面积 160 hm^2 计算，则每台设备与牛耕相比，年节省作业成本开支约 5 万元。

如按每公顷收费 450 元计，每台设备每年增收为（450-324.65）×160=20 056 元，而拖拉机和机具购置费约 38 000 元，也即购置设备（包括小型拖拉机）不到 2 年即收回全部投资。

由此看出，3ZSP-2 型多功能甘蔗施肥培土机作业具有较高的经济效益。

（五）机具使用社会效益分析

1. 降低成本增收节支

机械中耕施肥培土工作效率比人畜作业提高 10 倍以上，工效高，劳动强度低，降低作业成本 50%，增收节支效果明显。

2. 施肥位置合适有利于甘蔗生长

可按需按设定位置排肥，使施肥位置合理，有利于甘蔗苗的根系发育及时吸收肥料的养分，使甘蔗苗快速生长；旋耕、施肥和培土同步进行，可避免土壤中有限水分的挥发和损失，从而提高了肥料利用率，增强甘蔗吸收养分、水分和抗旱能力，有利于甘蔗生长。

3. 化肥深施提高了化肥利用率

化肥深施可减少化肥的损失和浪费，据中国农科院土肥研究所同位素跟踪试验证明，碳酸氢铵、尿素深施地表以下 6~10 cm 的土层中，比表面撒施氮的利用率可分别由 27% 和 37% 提高到 58% 和 50%，深施比表施其利用率相对提高 115% 和 35%。

4. 适量施肥减少对环境污染

随着食品安全日益关注，适时适量施肥，以满足作物生长需要为目的，减少盲目和过量施肥，可有效降低因施肥对环境造成的污染。

二、3GDS-3 型甘蔗多功能施肥机

3GDS-3 型甘蔗多功能施肥机（图 2-15）是配套于中型轮式拖拉机的农机具，用于宿根甘蔗破垄、松上、施肥、培土作业或新植蔗的开沟施肥和甘蔗苗期培土施肥作业，其结构简单，排肥效果好，多项工序作业一次完成（陆绍德，2005）。

图 2-15 3GDS-3 型甘蔗多功能施肥机

（一）结构参数

1. 技术参数

3GDS-3 型甘蔗多功能施肥机与 37.76~58.82 kW（50~80 马力）轮式拖拉机配套使用，主要用于宿根蔗的破垄松土施肥、新种蔗的开沟施肥和甘蔗苗期的培土施肥等项作业。要求肥料较为干爽，作业行数为 1~3 行，行距可在 90~120 cm 调整，每班单机作业 50 亩左右，是人工生产的 20 倍以上。主要技术参数见表 2-4。

表 2-4　3GDS-3 型甘蔗多功能施肥机主要技术参数

项目	参数	项目	参数
外形尺寸（长×宽×高）(mm)	2 200×1 485×1 620	施肥深度（mm）	100~250（可调）
配套动力	50~80 马力轮式拖拉机	肥料箱数量（个）	3 或 2
连接形式	三点悬挂	肥料箱总容量（L）	330
结构重量（kg）	380	施肥速度（亩/h）	5~6
排肥形式	地轮转动盘式排肥器	作业成本（元/亩）	8.67
施肥行数（行）	1~3	施肥均匀度（%）	>98
作业幅宽（mm）	2 700 或 2 400	施肥漏施率（%）	<1
施肥量（kg/亩）	100~350（可调）	甘蔗损伤率（%）	≤1

2. 结构特点

1）3GDS-3 型甘蔗多功能施肥机主要由机架、传动装置、犁柱、肥料箱等部分组成。

2）机架用 12 号槽钢焊接而成，三点后悬挂在拖拉机后方，承受整机质量。

3）传动比可调（三级传动）。

4）排肥动力输出：地轮→中间链轮→传动轴链轮→蜗轮→蜗杆→排肥转盘。肥料在自身重力作用下进入转盘外缘与刮肥板产生相对运动，并在刮肥板处堆积、最后离开刮肥板落入排肥管，流入指定的蔗行内。

5）开沟机构：开沟器是独立式的，分别用螺栓紧固在机架上，根据甘蔗行距可做适当调整。

6）培土机构：培土板为可拆式，培土前用螺栓固定培土板于犁柱上，即可进行培土作业。

7）肥料箱：为上部圆柱、下部圆锥漏斗形状，3（或 2）个肥料箱均匀安装在蜗轮上方并支承在机架上，肥料箱总容积为 330 L（2 个为 400 L）。

（二）甘蔗多功能施肥机试验和使用情况

1. 试验目的

通过技术测定、性能试验及生产试验，考核甘蔗多功能施肥机的作业质量、使用可靠性、耐用性、经济性、适应性等是否达到原设计要求及农业技术要求。

2. 试验概况

1999 年 3 月，广东省国营友好农场研制出第 1 台样机，随即投入试验。由于样机的整体性能未完全达到要求，在征求有关人员意见后做了修改，于 2000 年 3 月改制出第 2 台样机。同年 4 月，样机在广东省国营友好农场 7 队、8 队、10 队、14 队、17 队进行试验，蔗地坡度在 10° 以内，土壤属砖红壤土，甘蔗品种为新台糖 2 号、10 号、16 号、22 号，蔗龄 1~3 个月，株高为 490~740 mm，平均株高为 600 mm，甘蔗行距为 900 mm，先后共完成了 7 000 多亩蔗地的破垄、施肥、培土作业。

甘蔗多功能施肥机样机作业性能如下。

在配套江苏 504 拖拉机为动力，前进度为三挡即 5.21 km/h 时，经测定作业生产率为 5 100 亩/h，耗油率为 1.2 kg/亩，施肥均匀度为 98.9%，见表 2-5。漏施率为零，见表 2-6。甘蔗损伤率为 6 株/亩，见表 2-7。开沟深度稳定性，见表 2-8。

表 2-5 施肥均匀度抽查结果

取样点	第 1 点	第 2 点	第 3 点	第 4 点	第 5 点	第 6 点
施肥量（g）	950	953	957	959	961	952
均匀度（%）			98.9			

注：每个样点取样长度为 5 m。

表 2-6 肥料漏施率

项目	取样点		
	第 1 点	第 2 点	第 3 点
取样长度（cm）	3 000	3 000	3 000
漏施长度（cm）	0	0	0
漏施率（%）	0	0	0

表 2-7 甘蔗损伤率

项目	取样点		
	第 1 点	第 2 点	第 3 点
损伤数（株/400 m²）	3	5	4
损伤平均值（株/亩）		6	

注：每个样点取 20 m×20 m，即 0.6 亩。

表 2-8　开沟深度测定结果

项目	取样点				
	第 1 点	第 2 点	第 3 点	第 4 点	第 5 点
开沟深度（cm）	25.6	25.7	23.2	24.6	21.9
平均深度（cm）			24.2		

注：每个样点取样长度为 0.5 m。开沟深度稳定性 = 最浅开沟深度/最深开沟深度×100% = 21.9/25.7×100% = 85.2%。

3. 生产试验

试验时间：1999 年 4 月在国营友好农场 10 个生产队进行，至 2001 年 6 月共完成 7 033 亩（15 亩 = 1hm^2。全书同）作业量。在生产试验期间查定了 3 个作业班次，查定日期分别为 2000 年 4 月 12—14 日。

试验地点：广东省国营友好农场 8 队，机组前进速度为 5.51 km/h，测定机组经济指标汇总见表 2-9。

表 2-9　生产经济指标

项目	经济指标
作业量（亩）	40
延续时间生产率（亩/h）	5
纯工作生产率（亩/h）	6.7
时间利用率（%）	75
调整方便性（%）	90
耗油量（kg/亩）	1.2
人畜力作业生产率（亩/h）	0.4

注：每天纯工作时间 6 h，使用江苏 504 轮式拖拉机。

4. 生产应用情况

广东省国营友好农场研制了 18 台多功能施肥机，其中 4 台分配到 2 个机队，在国营友好农场的 18 个生产队服务，14 台提供兄弟农场使用。五年多来，在国营友好农场多个生产队进行甘蔗松土、破垄、施肥或开沟施肥等项作业的试验和应用，累计面积达到 2.21 万亩，试验表明，该机各项技术指标满足农业技术措施，达到计划任务生产经济技术指标。国营友好农场研制多功能甘蔗施肥机的成功，湛江农垦局较为重视，每年（2001—2004）召开甘蔗机械作业现场推广会议，有部分单位按国营友好农场研制的样机仿制并加以推广应用。据初步了解，到目前为止，湛江农垦已仿制的施肥机有 50 多台，累计推广应用作业面积达 30 万亩以上。该机具是广东省农垦总局 2001 年度重点推广科技项目之一，2004 年获湛江市科技成果二等奖和国家实用新型专利 1 项。

— 29 —

(三) 机具的使用

1. 3GDS-3 型甘蔗多功能施肥机的优点

1) 该机工作可靠, 使用调整方便, 故障少; 操纵调整方便, 该机由地轮传动, 在地头转行时, 升起农具即切断了动力; 由于机具有 3 种用途, 因此进行不同的作业时, 只需简单换装工作部件即可。

2) 该机具有比较高的生产效率, 大大减轻了蔗农的劳动强度。该机一次便可完成多项作业工序, 即可进行宿根甘蔗的松土破垄、施肥、复土作业或甘蔗种植前的开沟、施肥、拨泥混和肥料作业或甘蔗苗期的松土、施肥、培土作业等, 班次生产率达到 40 亩以上。人畜力破垄、施肥作业需先用人畜力破垄, 又需人工施放肥料, 然后还需人畜力复土, 费工费时, 劳动强度大, 每人每天综合作业仅 2 亩左右。机械作业效率是人畜力作业的 20 倍。

3) 提高作业质量, 有效提高了肥料利用率。该机宿根甘蔗的松土、破垄作业深度可达 25 cm, 只要在符合条件要求和按操作规范下, 伤蔗少, 机械施肥比较均匀, 肥料不断垄土覆盖比较好, 有效地实现了化肥合理深施, 减少肥料的挥发风蚀、雨淋的流失, 有利于提高肥效, 可提高肥料利用率 50% 以上。人畜力作业松土、破垄深度浅, 肥料没有覆盖或覆盖质量差, 机械的作业质量是人畜力作业所难以比拟的, 实行机械施肥也解决了人力施肥不到位的漏洞问题, 从而受到了农场生产管理部门和蔗农的欢迎。

2. 使用 3GDS-3 型甘蔗多功能施肥机需要注意的几个问题

1) 甘蔗种植的行距要适合机械作业的要求, 一般要求行距为 90~120 cm, 还要提高开种植沟和植蔗的质量, 应尽量做到种植行距的相互平行和一致性。这是减少机械作业中伤蔗和保证作业质量的重要环节。

2) 在工作前应根据农艺要求的肥料施用量对机械排肥机构进行调整, 以确保作业时能按要求均匀施放肥料。

3) 尽量施用干燥颗粒复合肥; 避免施用结块或潮湿的肥料, 也不要在雨天作业, 以免机械排肥不畅, 影响作业质量和效果。

4) 地头要留有足够让拖拉机调头转弯的机耕道, 否则地头的甘蔗可能会受到损伤。

5) 应根据不同的作业要求, 安装相应的工作部件。

第三节 大马力高地隙拖拉机配套专用施肥机具

一、WG-2.85型多功能甘蔗中耕施肥机

（一）项目背景和研制概况

我国部分蔗区在20世纪曾经应用国产清江50高地隙拖拉机或用铁牛55型拖拉机，进行甘蔗生产的田间管理机械化作业。但此类机型底盘地隙低，而且没有前轮驱动，只能应用于宿根甘蔗上，因为在新植甘蔗行垄上作业时，就会产生打滑偏向现象，选成机手操作困难，损蔗率高。近年来，我国很多企业和研究单位都曾研究甘蔗田管机械化作业机具，但由于没有选择理想机型的原因没有获得成功。所以，我国甘蔗生长中期田间管理作业基本上是依靠人畜力来完成，人畜力作业劳动强度大、效率低下、作业质量不能保证。

要做好甘蔗生长中期的田间管理机械化作业，必须选择配套相适应的作业机型才能满足机械化生产需要，才能符合农艺技术要求。为此，丰收公司经过多方咨询论证，于2005年率先通过北京现代农装公司代理商从国外引进了纽荷兰TB-90型高地隙拖拉机，并依靠自身技术力量，自主研制配套了高地隙拖拉机使用的WG-2.85型多功能甘蔗中耕施肥机和FS25型肥料搅拌输送系统。

（二）纽荷兰TB-90型高地隙拖拉机的引进与应用

丰收公司自2005—2006年通过北京现代农装公司代理商从国外引进了6台纽荷兰TB-90型高地隙拖拉机（图2-16）。

图2-16 TB-90型高地隙拖拉机

1. TB-90型高地隙拖拉机的技术性能、特点

TB-90型高地隙拖拉机是凯斯纽荷兰公司生产的，发动机功率为88 HP（HP = 0.5 kW），其作业地隙高（83 cm），轮胎窄（32 cm），整机轻便，四轮驱动，易于操作，其

具有马力足、工效高的特点，非常适宜于甘蔗生长中期田间管理机械化作业。其主要技术参数见表2-10。

表 2-10 TB-90 型高地隙轮式拖拉机主要技术参数

	项目	参数		项目	参数
发动机	气缸数（个）	4	整机性能	前轮距尺寸可调（mm）	1 445~1 875
	排量（L）	5		前轮差速锁	有限打滑
	发动机功率（HP）	88		四轮驱动结合	机械式
	发动机转速（r/min）	2 170		后轮距尺寸可调（mm）	1 400~2 000
	最大扭矩（Nm@ rpm）	340		座椅	可调整浮动座椅
	空气滤清器	干式		前轮地隙（cm）	83
	油箱容积（L）	145		牵引架地隙（cm）	83
	液压系统流量（Lpm）	37		轮距—四轮驱动（mm）	2 273
变速箱	型式	机械式，区域换挡		运输质量（近似）(kg)	4 060
	挡位数	5×2		拖拉机机身底盘离地间隙（cm）	83
整机性能	齿轮箱型式	常啮合			
	后轮差速锁	机械式		转向	液压助力
	PTO 转速-(标准)(r/min)	540		制动	湿式，机械式
	动力输出轴尺寸	13/8″-6 键		液压输出/组	2

2. 生产应用

引进的 6 台 TB-90 型高地隙拖拉机自 2006 年至 2007 年 7 月 1 日止，先后在公司的东湖队、新村队、西湖队、新湖队、农田队投入生产应用，共完成甘蔗生长中期的松土、施肥、培土作业面积 15 600 亩。TB-90 型高地隙拖拉机配套 WG-2.85 型多功能甘蔗中耕施肥机松土时，可带 9 条犁柱作业，一次可同时松土 3 行，松土效率为 120 亩/天。松土深度达 20~25 cm。耗油率仅为 0.7 L/亩。松土效果相当好，可改善土壤团粒结构，增强土壤的透气性，松土作业时兼备除草作用，行间除草率在 80% 以上。TB-90 型高地隙拖拉机配套 WG-2.85 型多功能甘蔗中耕施肥机培土时，带 3 条培土犁柱作业，一次同时施肥培土 3 行，施肥培土效率为 80 亩/天，而人畜施肥培土作业效率为 2.5 亩/天，机械作业是人畜力作业的 32 倍，甘蔗培土高度达 15~20 cm，比人畜力作业的培土高度高出 5~10 cm，培土覆肥率为 100%，起到保水、保肥、抗旱抗倒伏作用，使甘蔗生产达到增产的目的。TB-90 型高地隙拖拉机配套 WG-2.85 型多功能甘蔗中耕施肥机作业的质量好，效率高，伤蔗率低，适应性强，比国内同类型机械田间管理作业期延长 1 个月。

（三）配套设备研制与应用

1. WG-2.85 型多功能甘蔗中耕施肥机的研制与应用

（1）研 制

为了配套 TB-90 型高地隙拖拉机进行甘蔗生长中期田间管理机械化作业，丰收公司机械化办公室组织技术创新攻关小组于 2006 年 3 月至 2007 年 2 月共自主研制了 WG-2.85型多功能甘蔗中耕施肥机 4 台。

（2）WG-2.85 型多功能甘蔗中耕施肥机的用途和结构原理

WG-2.85 型多功能甘蔗中耕施肥机（图 2-17）与纽荷兰 TB-90 型高地隙拖拉机配套使用，可广泛用于宿根甘蔗破垄松土施肥和新植甘蔗开沟施肥、甘蔗生长中期的田间中耕松土兼除草、施肥培土等机械化作业。

图 2-17　WG-2.85 型多功能甘蔗中耕施肥机

该机主要由机架、液压马达传动系统、犁柱、肥料箱、排肥系统等部分组成。其工作原理是：液压马达→蜗轮→蜗杆→排肥转盘→出料，肥料在自身重力作用下进入转盘外缘与刮肥板产生相对运动，并在刮肥板处刮肥落入排肥管，把肥料施进甘蔗头。

（3）主要技术参数

主要技术参数见表 2-11。

表 2-11　WG-2.85 型多功能甘蔗中耕施肥机主要性能指标

项目	参数	项目	参数
外形尺寸（长×宽×高）(mm)	3 600×980×2 900	施肥深度（mm）	100~250（可调）
行距调节范围（mm）	900~1 500	肥料箱数量（个）	3
配套动力	纽荷兰 TB-90 型高地隙拖拉机	肥料箱总容量（L）	1 000
连接形式	三点悬挂	犁柱高度（mm）	1 400
结构质量（kg）	400	犁柱排列形式	品字型
排肥形式	液压马达驱动盘式排肥器	施肥均匀度（%）	≥99
施肥行数（行）	3	施肥漏施率（%）	0
作业幅宽（mm）	2 850	甘蔗损伤率（%）	≤0.1
施肥量（kg/亩）	100~350（可调）		

（4）性能特点和创新点

WG-2.85型多功能甘蔗中耕施肥机有以下性能特点和创新点。

1）采用液压马达驱动的转盘刮板式排肥机构，结构简单，排肥量大小可通过调整刮板的深浅、或液压马达的流量任意控制，施肥量均匀，比以往地轮式传动和纯拖拉机输出轴传动的工作更稳定可靠。

2）犁柱设计刚性好，质量轻，离地间隙大，通过性好，犁柱在机架上的相对位置可以调节，能适应甘蔗不同规格行距的作业。每个犁柱上都装有安全销，作业中遇到树根、石头等障碍物超负荷时，安全销即被剪断。保护犁柱及整机不受损坏。

3）一机多用，可进行甘蔗行间松土、除草、破垄、施肥培土多项作业，调整灵活方便，适应性好。

4）肥料箱容积较大，一次可装肥达 1 000 kg，工作效率高，适用于大面积地块的机械化作业。

（5）生产应用

WG-2.85型多功能甘蔗中耕施肥机自 2006 年至 2007 年 7 月 1 日止，在丰收公司收获分公司的东湖队、西湖队、新村队、新湖队、农田队等进行甘蔗生长中期松土、施肥、培土作业共 15 600 亩（图 2-18）。

图 2-18　WG-2.85 型多功能甘蔗中耕施肥机作业效果

2. FS25 型肥料搅拌输送系统研制与应用

（1）研　制

为了解决 TB-90 型高地隙拖拉机配套 WG-2.85 型多功能甘蔗中耕施肥机进行施肥培土时，人工混肥、装肥困难、劳动强度大等难题，丰收公司农机技术攻关小组于 2006 年 3 月自主研制了 FS25 型肥料搅拌输送系统 2 套。

（2）系统结构组成及用途

该系统是由手扶拖拉机、搅拌机、肥料输送机、液压驱动控制部分等组合成一个整体来工作。其中肥料输送机由底部支承架、悬挂架、皮带输送架、皮带、上下两个滚筒、皮带辊、摇臂装置、液压马达等组成；搅拌机是在自落式锥形反转出料混凝土搅拌机的基础上加以改造，改电力驱动为液压马达驱动，拌筒正转时进行搅拌，反转时自动出料，每罐可搅拌 350 L 肥料。

甘蔗生长中期或甘蔗宿根田间管理机械化作业时，1 套该系统可配套 2 台 TB-90 型高地隙拖拉机悬挂 WG-2.85 型多功能甘蔗中耕施肥机的装肥作业。

（3）工作原理

由手扶拖拉机机头驱动液压泵，液压泵的油首先经过溢流阀，再通过控制阀（三位四通分配阀）之后，分两路分别到驱动皮带装置和搅拌机的液压马达。搅拌机的反转出料及皮带输送由同一油路控制，同时作业。肥料输送机装在搅拌机出料口正下方，输送皮带架可上下左右调节，从搅拌机卸出来的肥料很方便地被快速输往肥料箱，搅拌机正转搅拌时，皮带停止输送，通过控制阀（三位四通分配）分别实现了搅拌机的正转搅拌、反转出料及皮带输送、停止 3 个步骤的操作。溢流阀起调速、过载保护作用。

（4）主要技术参数

主要技术参数见表 2-12。

表 2-12　肥料搅拌输送系统技术参数

参数名称	参数内容	参数名称	参数内容
肥料搅拌输送系统 整机外形尺寸（长×宽×高）（mm）	7 500×2 190×3 200	搅拌机 结构质量（kg）	1 500
整机重量（kg）	2 500	液压马达功率（kW）	5.5
手扶拖拉机 功率（kW）	11	液压马达转速（r/min）	600
液压泵流量（L/min）	20	外形尺寸（长×宽×高）（mm）	4 800×1 620×3 200
搅拌机 搅拌机进料容量（L）	560	肥料输送机 液压马达功率（kW）	5.5
搅拌机出料容量（L）	350	液压马达转速（r/min）	160
拌筒尺寸（直径×长度）（mm）	1 560×1 890	皮带宽度（mm）	500
拌筒转速（r/min）	10	生产率（m³/h）	25
出料高度（mm）	1 000～1 250	结构质量（kg）	600
外形尺寸（长×宽×高）（mm）	2 727×2 094×3 154		

（5）性能特点和创新点

1）整套系统采用手扶拖拉机作为动力，转移方便，投资少，成本低。

2）利用液压马达驱动，操作维护简便，各项技术性能稳定。

3）肥料输送机采用了摇臂装置，可左右灵活移动，操作省力方便。

4）液压控制部分设计简单、易操作，皮带传动与搅拌机反转出料用同一油路控制，同时动作，而搅拌机正转搅拌时，输送皮带停止。控制溢流阀、减压阀串联共用，调节、保护效果好。

5）搅拌输送肥料快捷，是人工混肥、装肥的 20 倍，减轻了体力劳动强度。

（6）生产应用

该系统与 TB-90 型高地隙拖拉机、WG-2.85 型多功能甘蔗中耕施肥机配套作业，从 2006 年至 2007 年 7 月 1 日止，在丰收公司进行甘蔗生长中期松土、施肥培土、装肥作业共 15 600 亩。生产应用证明，该系统各项技术性能稳定，操作简便，易维护，搅拌输送肥料快捷，装 1 000 kg 肥料只需 3 min，辅助人工仅需 2 人，省时省力，非常实用。

（四）综合评价

丰收公司选择引进 TB-90 型高地隙四轮驱动拖拉机，具有地隙高、整机性能可靠，适应性好的特点，适合甘蔗生长中期田间管理机械化作业，比国内低地隙拖拉机进行甘蔗生长中期田间管理机械化作业期延长 1 个月。

WG-2.85 型多功能甘蔗中耕施肥机采用液压马达驱动，比常用的地轮式传动，工作更稳定可靠，结构简单，操作方便，适应性广。

FS25 型肥料搅拌输送系统技术性能稳定，转移方便，混肥、装肥快捷，降低了劳动强度。以上三机配套综合使用，实用性强，作业质量好，作业效率高，是人畜力作业的 32 倍，经济效益和社会效益显著，我国目前甘蔗种植面积 1 950 万亩，推广使用前景广阔。

二、宽垄距高地隙施肥培土机

在国内的甘蔗种植区域，甘蔗的中期培土、施肥及中耕作业现大都采用一种拖拉机配套多种不同作用的机具，造成劳动强度大、效率低。目前市场上出售的施肥培土机又因中心离地高度不足，同时受拖拉机底盘高度的限制，高秆农作物较高时则无法实现机械化作业（左军 等，2013）。

经市场调研，现设计一种与农用轮式高地隙宽轮距特种拖拉机配套，可实现宽垄距高地隙作业的施肥培土机。可以有效保证高秆农作物较高时，依然能够采用机械化作业，降低劳动强度，提高作业效率，同时保证施肥培土质量，提供高秆农作物后期生长所需的营养。

（一）施肥培土机的作业

现有配套的动力源为江苏牌高地隙宽轮距拖拉机，离地间隙为 750 mm，前轮轮距为 2 335 mm 或 2 235 mm，后轮轮距为 2 310 mm 或 2 230 mm，可适应广西等地区种植行距分别为 1.1 m、1.2 m、1.4 m 的甘蔗生产作业环境。考虑到广西部分大农场均种植行距为 1.1 m、1.2 m 的甘蔗，因此设计时以 1.2 m 行距为主，并可以通过调整 2 个培土板之间的距离，来适应其他行距的甘蔗地施肥培土需要。因地隙较高，考虑到整机作业的稳定性，需要跨 2 行进行作业，以甘蔗行距 1.2 m 为例说明如下（图 2-19）。拖拉机与施肥培土机通过后置悬挂连接在一起，拖拉机分别跨第 2 行和第 3 行进行作业，作业到地头后掉头再进行跨第 3 行和第 4 行甘蔗的施肥培土作业，依此类推，完成整块地的大面积施肥培土作业。考虑到农作物的行距可奇数、可偶数，因此允许跨同一行作业，作业时将已经施肥培土相对应的一个施肥料箱关闭。

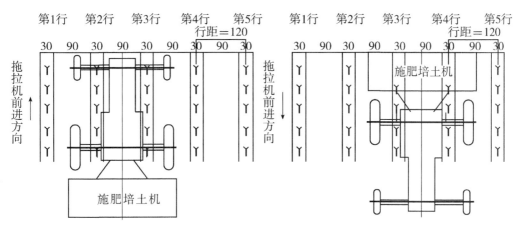

图 2-19　宽垄距高地隙施肥培土机作业示意

(二) 施肥培土机的结构

1. 机械结构

高地隙宽轮距拖拉机作为动力源，通过万向节传递动力给中间三轴主动箱，中间三轴主动箱将动力通过传动轴依次向两侧内侧置传动箱传递。高地隙宽轮距拖拉机连接机具悬挂机架，施肥料箱固定在支撑套管上，支撑套管连接在中间三轴主动箱左、右两侧，连接臂与支撑套管连接，连接板与连接臂连接，犁柱与连接板连接，并可通过犁柱上不同的孔调节高度，犁柱通过铰链连接培土板，连接杆固定在犁柱上，U 形柱固定在培土板上，调节杆套在 "U" 形柱上，连接杆通过螺栓与螺母和调节杆连接。通过调节杆上不同的孔调节左、右两侧培土板之间的距离，旋耕刀轴一侧固定在内侧置传动箱上，旋耕刀轴另一侧固定在侧面支撑板上，旋耕刀固定在旋耕刀轴上，防溅板置于旋耕刀上方，防溅板通过两侧支撑板分别固定在内侧置传动箱和侧面支撑板上，主动链轮固定在传动轴上，被动链轮固定在旋转轴上，链条连接主动链轮与被动链轮，被动链轮的旋转带动刮肥旋转件的旋转，刮肥旋转件固定在施肥料箱下端，刮肥旋转件一部分在施肥料箱中，施肥导料板通过销轴与开口销固定在刮肥旋转件的下方，刮肥旋转件的旋转带动施肥料箱中的肥料落到施肥导料板上，落到旋耕刀前方，离合器与传动轴相固定，用以控制肥料的进出。

2. 结构设计要点

通过试制及农田作业试验，施肥培土机设计时应注意以下几点。

1) 防溅板前面与旋耕刀旋转中心所成直线 OO_1，与侧面支撑板和内侧置传动箱的中线 XO 所成的角度为 $45° ≤ \beta ≤ 70°$ ［图 2-20 （a）］。

2）防溅板后面与旋耕刀旋转中心所成直线 OO_2 与侧面支撑板和内侧置传动箱的中线 XO 所成的角度为 $60° \leqslant \alpha \leqslant 80°$ ［图 2-20（b）］。

3）施肥导料板最下端的前沿置于防溅板的前部 $\geqslant 100$ mm 处。

4）宽垄距甘蔗的施肥培土机支撑套管至旋耕刀轴中心距离 $H \geqslant 500$ mm ［图 2-20（c）］。

5）图 2-20（c）中 B 尺寸应为 $400 \sim 600$ mm。

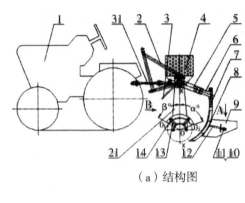

（a）结构图

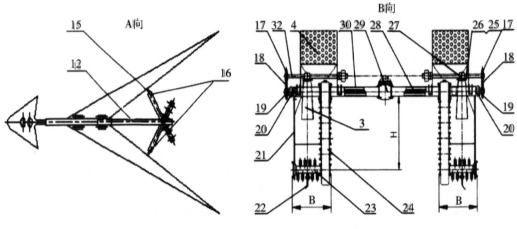

（b）A 向示意图　　　　　　　　（c）B 向示意图

1. 高地隙宽轮距拖拉机 2. 机具悬挂机架 3. 施肥导料板 4. 施肥料箱 5. 连接臂 6. 连接板 7. 犁柱
8. 铰链 9. 培土板 10. 螺母 11. 螺栓 12. 连接杆 13. 支撑板 14. 防溅板 15. U 形柱 16. 调节杆
17. 被动链轮 18. 链条 19. 主动链轮 20. 离合器 21. 侧面支撑板 22. 旋耕刀 23. 旋耕刀轴
24. 内侧置传动箱 25. 销轴 26. 开口销 27. 刮肥旋转件 28. 传动轴
29. 中间三轴主动箱 30. 支撑套管 31. 万向节 32. 旋转轴

图 2-20　宽垄距高地隙施肥培土机示意

(三) 主要技术参数

施肥培土机的主要技术参数见表 2-13。

表 2-13　施肥培土机的主要技术参数

序号	项目	参数
1	配套动力（kW）	40.5～59
2	垄距（m）	2.3～2.5（可调）
3	起垄高度（cm）	20～40
4	生产率（hm²/h）	0.55～1
5	施肥料箱容积（L）	50×2
6	开沟深度（cm）	20～30
7	开沟宽度（cm）	30～50

（四）施肥培土机的优点

1）农作物生长较高时，能进行机械化施肥培土作业。

2）能保证肥料有效深施到土壤里，肥料不易受到风蚀雨打并不易挥发。

3）犁柱高度可根据需要进行调节，适应不同地形的需要。

4）培土板之间的距离可根据需要进行调节，能适应不同农作物行间距培土的需要。

5）通过离合器控制肥料的排出，减少拖拉机田间转向等不需要肥料时肥料的排出。

6）防溅板的设计对旋耕刀带起的泥土起到更好的聚拢作用，更方便培土板培土。

7）内侧置传动箱可保证该机具的强度及提高该机具使用寿命的稳定性。

（五）结　论

利用江苏牌高地隙宽轮距特种拖拉机作为施肥培土机的驱动动力，通过控制施肥料箱上刮肥旋转件的转速来改变施肥量。通过培土板之间距离的改变来达到不同行距作物的施肥培土效果，有效地保证了即使农作物较高依然可采取机械化施肥培土作业。通过在广西市场的试验，已取得了很好的试验效果，受到了当地农场及广大农民的热烈欢迎。该施肥培土机除了用于甘蔗地外，也可用于玉米等高秆作物的施肥培土等中耕作业。

第四节　甘蔗施水肥机

水肥一体化技术是将灌溉与施肥融为一体的农业新技术。水肥一体化是借助压力系统，将可溶性固体或液体肥料，按土壤养分含量与作物种类的需肥规律及特点，配兑成的肥液与灌溉水一起，通过可控管道系统供水、供肥，使水肥相融后，通过管道和滴头形成滴灌、均匀、定时、定量，浸润作物根系发育生长区域，使主要根系土壤始终保持疏松和适宜的含水量。同时根据不同作物的需肥特点、土壤环境和养分含量状况，不同生长期需水、需肥规律情况进行不同生育期的需求设计，把水分、养分定时定量，按比例直接提供给作物。

为了进一步提高甘蔗生产技术水平，解决干旱时期水资源紧缺和抗旱淋水劳动成本的问题，2011年湛江农垦引进并推广应用甘蔗滴水灌溉技术。如何提高甘蔗滴水灌溉技术的应用效果，提高作物效益成为当前主要解决的问题。

一、HJYDS-1 型移动式水肥药一体化施肥车

（一）结构参数

1. 结构组成

HJYDS-1 型移动式水肥药一体化施肥车（以下简称：HJYDS-1 型施肥车）主要由轮式拖卡、水肥料箱（高低各 1 个）、加压设备等组成。拖卡底板由钢板焊接而成，机车四周护栏为铁管，水箱由不锈钢铁皮焊接而成，柴油机、电动机、离心水泵焊接于水箱周围（陆绍德 等，2012）。

2. 技术参数

HJYDS-1 型施肥车主要技术参数见表 2-14。

表 2-14　HJYDS-1 型施肥车主要技术参数

项目		参数	备注
外形尺寸（长×宽×高）(cm)		280×210×210	
结构质量（kg）		1 100	
配套动力（kW）		36.76~73.53（50~100）	轮式拖拉机
不锈钢水箱	个数（个）	2	
	容量（m³）	1	
离心水泵	数量（台）	1	
	扬程（m）	30	给水肥加压
	吸程（m）	7~9	
电动机	数量（个）	1	带动离心水泵完成加压功能
	功率（kW）	5.5	
柴油机	数量（个）	1	在无外接电源情况下带动离心水泵完成加压功能
	功率（kW）	5.8	
施肥方式		溶解肥料、农药后通过加压设备灌输到田间	
出水口口径（mm）		63	
出水口流量（m³/h）		30	
过滤设备		φ90 阀门开关	
一次可施肥面积（hm²）		1.667（25）	根据滴灌管道压力

3. 工作过程

水肥灌溉输出顺序为：一级水箱水肥→阀门过滤开关→二级水肥料箱→离心水泵（马达带动或柴油机带动）加压→水肥经过滴灌管道设备进入田间。为了提高机械的工作效率，在实际作业操作中，具体操作步骤为：利用地块周围建设好的管道设备预先将水源连接到水箱入水口，通过机械灌溉水约 20 min 后，再将肥料倒到水肥料箱，搅拌均匀后通过加压设备灌溉到田间，完成施肥后，再灌溉水 20 min，整个水肥灌溉作业完毕，前后约用 1 h，灌溉面积约 1.67 hm^2（25 亩）；在拆除连接机械的管道后，利用原有的灌溉设备继续对已施肥的甘蔗进行灌溉水 3 h，整个作业完成标准为：滴灌管出水口四周渗透宽度约 15 cm，深度约 25 cm，总用水量约 90 m^3/hm^2（6 m^3/亩）。

（二）试验和使用情况

1. 试验目的

通过对机械的使用性能研究，考核水肥药一体化的工效及机械的经济性和实用性，是否符合农业生产需要和农业技术要求。

2. 试验地点

广东省国营火炬农场 16 队、18 队、21 队甘蔗滴水灌溉示范基地。

3. 试验材料

供试甘蔗品种为粤糖 83-271 和粤糖 00-236。

4. 试验设计

本试验共设置 2 个处理。处理 1：应用水肥一体化施肥技术。其中，新植甘蔗粤糖 83-271 品种 17 亩，宿根甘蔗粤糖 00-236 品种 25 亩，新植甘蔗粤糖 00-236 品种 10 亩。处理 2：应用常规的滴水灌溉及施肥技术。其中，新植甘蔗粤糖 83-271 品种 8.5 亩，宿根甘蔗粤糖 00-236 品种 26 亩，新植甘蔗粤糖 00-236 品种 22 亩。试验区的土地为常年种植甘蔗地块，2 个处理的基肥种类、数量及施肥方法、追肥数量一致，但追肥的方法不同。处理 1 按施肥计划追施水肥（表 2-15），处理 2 追肥采用机械一次性施肥。甘蔗收获后，对 2 个试验处理各小区的产量、产值及人工成本分别进行考察和比较分析（陆绍德 等，2013）。

表 2-15　水肥一体化施肥计划

月份	肥料（kg/亩）		
	尿素	钾肥	六国复合肥料
5 月	3	1	6

（续表）

月份	肥料（kg/亩）		
	尿素	钾肥	六国复合肥料
7月	2	2	5
8月（第1次）	2	2	5
8月（第2次）	2	2	6
9月（第1次）	3	2	5
9月（第2次）	2	6	10
11月	0	3	5
合计	13	18	45
各肥料投入（元/亩）	29.9	59.4	144

5. 结果与分析

（1）试验效果

由表2-16可以看出，应用水肥一体化技术，粤糖83-271品系较常规施肥单产提高1.2 t、亩产值增加539.26元。粤糖00-236品系宿根甘蔗较常规管理的甘蔗亩单产提高0.39 t、亩产值增加177.33元；该品系新植甘蔗较常规管理甘蔗亩单产提高0.6 t、亩产值增加269.86元。应用水肥一体化技术，2种粤糖品系在亩产和最终产值上均有不同程度提高，其中亩产平均增加0.67 t，产值平均每亩增加301元。由此可见，在甘蔗生产中应用水肥一体化技术，较常规施肥方法具有明显高产高效的优势。

表2-16 不同试验处理各小区效果比较

处理	宿根或新植	品种	承包面积（亩）	总产（t）	单产（t）	结算单价（元/t）	亩产值（元/亩）	年淋水次数
处理1-1	新植	粤糖83-271	17	133.60	7.86	450	3 536.47	8
处理1-2	宿根	粤糖00-236	25	172.60	6.90	450	3 106.80	8
处理1-3	新植	粤糖00-236	10	73.97	7.40	450	3 328.43	8
处理2-1	新植	粤糖83-271	8.5	56.61	6.66	450	2 997.21	8
处理2-2	宿根	粤糖00-236	26	169.26	6.51	450	2 929.47	8
处理2-3	新植	粤糖00-236	22	149.53	6.80	450	3 058.57	8
处理1-1与处理2-1对比	新植	粤糖83-271	—	—	1.20	—	539.26	—
处理1-2与处理2-2对比	宿根	粤糖00-236	—	—	0.39	—	177.33	—
处理1-3与处理2-3对比	新植	粤糖00-236	—	—	0.60	—	269.86	—

（2）成本分析

从表2-17可知，水肥一体化技术的应用，虽然在灌溉成本上增加了6元/亩，但由于减少了单独的施肥环节，可省机械施肥的劳务成本20元/亩，总体上较常规管理可减少14元/亩的成本投入。因此，水肥一体化施肥技术在甘蔗生产上的应用，不仅能够增加甘蔗单产和亩产值，同时还可以减少劳动成本的投入，有效地缓解劳动力紧缺的问题。

表 2-17　施肥灌溉成本对比

处理	每亩每次平均灌溉成本（元）	年灌溉次数（次）	灌溉成本（元/亩）	肥料成本	施肥劳务（元/亩）	施肥灌溉成本合计（元/亩）	备注
1	12.75	7	102	与处理2一致	和灌溉一起施肥	102	灌溉施肥含人工劳务费用
2	12.0	7	96	与处理1一致	20	116	机械施肥含人工劳务费用

6. 结　论

综上所述，在施肥种类数量一致、灌溉条件一致、常规管理基本一致的情况下，应用水肥一体化施肥技术，可实现单产提高0.67 t/亩，产值增加301元/亩，劳动力投入减少14元/亩。因此，针对当前垦区甘蔗施肥管理技术相对落后的特点，可将水肥一体化技术逐步推广到垦区甘蔗生产中，提高单位面积的甘蔗产量和效益，缓解近年劳动力紧缺的问题。此外，我们下一步将对甘蔗生长过程中需水、需肥规律和本地土壤养分与环境状况进行综合分析，设计出更为合理的水肥灌溉措施和方案，以进一步提高产量和经济效益，同时达到节水节肥的目的。

二、多功能水肥一体定额灌溉机

（一）整机构成

多功能水肥一体定额灌溉机是集作物多种作业于一体的专用节水灌溉设备，主要优点是根据土壤墒情和作物需水情况进行适量浇灌，避免多余水分的浪费，可大大提高节水灌溉效率（李爱国 等，2014）。设备中还设计了水肥一体化、施药等多种功能，其操作简便、省工省时，节约土地、防止土壤板结和减少土壤盐渍。

1. 水肥（药）一体化动力车

（1）基本结构

水肥（药）一体化动力装置也是整个喷灌设备的核心部分，主要由电动机、高压泵、溶解桶和变频控制器等组成（图2-21）。

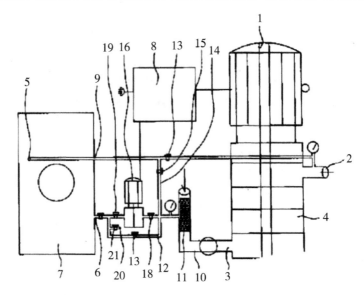

1. 电机（可调频） 2. 高压泵出水口 3. 高压泵进水口 4. 多级加压泵 5. 肥料进水口 6. 肥料出水口
7. 肥料（或农药）溶解桶 8. 变频控制器，与电机1和电机16相连 9. 第一导液管 10. 进水管
11. 过滤网 12. 第二导液管 13. 阀门 14. 导液管 15. 阀门 16. 电机 18. 阀门
19. 阀门 20. 外连接口 21. 阀门

图 2-21 水肥（药）一体化动力装置

（2）基本工作原理

肥料溶解桶 7 的肥料（药）进水口 5 通过第一导液管 9 与高压泵出水口 2 连接，在高压泵进水口 3 上连接带有过滤网 11 的进水管 10，进水管 10 与肥料出水口 6 通过第二导液管 12 连接。通过变频控制器 8 控制电机 1，使得多级加压泵 4 的压力可以调节，在浇灌前，先通过第一导液管 9 将高压泵出水口 2 中的水输送到肥料溶解桶 7 内，肥料在肥料溶解桶 7 内溶解成肥料溶液，然后通过第二导液管 12 将肥料溶液输送到多级加压泵 4 中，与浇灌水一起到达农田中。通过调节浇灌水的压力，来实现不同地形和地块的浇灌，而且肥料更加均匀，在浇灌前用高压浇灌水进行肥料稀释，减小了劳动强度，提高了浇灌效率。灌溉液体压力可以根据需要情况进行调节，且压力恒定，灌溉过程中，节水明显。工作时将进水管 10 与外联水源接通，高压泵出水口 2 与 PE 输水管装置接通。具体操作按以下情况进行：①当作业只需要灌溉时，将阀门 13、15、18 关闭，通过变频控制器 8 将电机 16 停止运行，开启电机 1，并通过调频（转速）调节所需出水压力；②当需要肥料（药）的量较少（或浓度较低）时，可在肥料溶解桶 7 中进行，通过阀门 13 开启可注入水（不需要时关闭），待肥料（药）溶解后，开启电机 16 与阀门 18、19 可将肥料（药）液注入进水管 10 中，并通过过滤网 11 后，与水源混合到达高压泵进水口 3；③如果施肥（药）面积较大、肥料（药）的量较多时，也可不用肥料溶解桶 7，可通过外连接口 20 连接外部肥料（药）溶解池，开启阀门 21、18、19，关闭肥料出水口的阀门、关闭阀门 13、15；④如果需要的肥料（药）浓度较低时，也可不用电机 16，通过电机 1 的工作产生的压差自行将肥料（药）液吸入进水管 10 中，

此种情况需开启第二导液管 12 的阀门 13，关闭电机 16、阀门 18、19、15。

2. PE 输水管

（1）基本结构

管长一般为 250~450 m，管直径为 50~110 m 5 种规格，一次成型无接头，可缠绕在直径为 2 m 的绞盘上。管内充水，工作时压力可达 7 kg/cm² 左右。PE 输水管可缠绕在绞盘上，绞盘上带有水涡轮驱动，通过水肥（药）一体化动力装置产生的压力水进入水涡轮驱动涡轮旋转，水涡轮的旋转经多功能变速箱装置带动绞盘转动，拖动 PE 输水管实现喷头车均匀回收，同时压力水进入 PE 输水管传送到喷头，实现喷头正常喷洒。该部分结构主要有机械机架、绞盘、底盘、动力牵引、PE 输水管、变速箱、水涡轮驱动装置、自动调速装置、导向装置等几部分组成（图 2-22）。

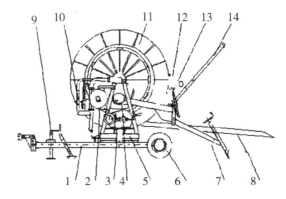

1. 机械支架　2. 水涡轮　3. 减速机　4. 离合器　5. 转盘　6. 车轮　7. 后支架　8. PE 输水管（连接喷头车）
9. 前支架　10. 主阀门　11. 卷盘　12. 缠绕安全装置　13. 拉杆　14. 起降架

图 2-22　PE 输水管装置

（2）工作原理

缠绕 PE 输水管的绞盘装有水涡轮式动力驱动系统，水涡轮转速从水涡轮轴引出一个两速段的皮带驱动装置传入减速器中，再经链条传动产生强大的扭矩力驱动绞盘转动，从而实现 PE 输水管的自动回收。同时将水送到喷头车，喷头车随着 PE 输水管的移动不间歇地进行喷洒作业。

在水涡轮进水弯头处设有调整舌板，调整舌板的开启度可控制进入涡轮的水流量，使水涡轮的转速也随之改变，改变 PE 输水管移动速度，从而达到控制所需喷水程度不同的目的。调节舌板的转轴通过球形接头与层叠补偿机构连接，使喷灌机在工作时，随着绞盘有效直径和 PE 输水管摩擦阻力的变化，PE 输水管叠层补偿杆自动改变调整舌板的开启度，从而保证 PE 输水管的回收速度，缠绕时几乎可以保持定速，从而实现自动调整速度达到喷洒均匀的目的。

（3）喷头车

喷头最多可安装 13 个，单侧展臂为 20~25 m，喷幅宽可达 40~50 m。根据种植地块情况可以调节展臂的宽窄和喷头的数量（图2-23）。喷头车的动力和速度用PE输水管的拉动进行。

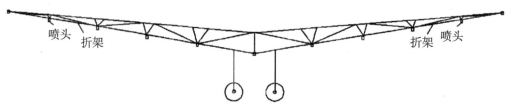

图 2-23　桁架喷灌车示意

（二）灌溉机的优点及使用性能

1. 优　点

1）定额灌溉。灌溉机最明显的优势是根据土壤墒情和作物需要水分情况进行定额灌溉。比传统的大水漫灌、小白龙、微喷灌要明显节水。喷头车的移动速度可以进行调节，速度越慢，浇灌水量越大。当喷洒农药和叶面肥时，一般将喷头车的速度调到较大的适当位置。

2）节约成本、效果好。省工、省时、喷洒均匀、人员不易中毒，特别是对迁飞性的害虫（如盲蝽蟓）效果明显。

3）其他优点。灌溉机的作业还具有防止土壤板结及盐渍化、净化植株叶表尘土、提高光合作用效率、节约土地、省时省工等优点。

2. 使用性能

1）水肥一体化。动力车中有肥料溶解桶，可将肥料直接倒入肥料溶解桶中，一般第1次倒入量不应超过100 kg，然后将水灌入肥料溶解桶中。在灌溉时，可随时添加肥料，肥料溶解桶中的肥料水溶液始终应保持饱和状态。根据浇灌速度和所需施肥量，参照水表流量，调节控肥进、出阀门即可。

2）施药方法。根据施药面积在肥料溶解桶中加入适量农药，再加入水，配成浓度较高的农药溶液。把喷头车速度调到合适位置。打开动力车的调频开关，调节喷头的压力。根据施药浓度和喷头车速度调节进水量和农药溶液的流量。

第五节　自带动力专用施肥设备

华南农业大学南方农业机械与装备关键技术教育部重点实验室研制出自走式菱形四轮甘蔗中耕机（图2-24），可以进行培土和施肥作业。

图 2-24　自走式菱形四轮甘蔗中耕机

一、自走式菱形四轮甘蔗中耕机结构分析

(一) 甘蔗中耕的农艺要求

甘蔗生长过程中总共要中耕 3~4 次，同时也可以进行培土和施肥作业。甘蔗长到 50 cm 左右开始第 1 次中耕作业，最后一次培土时甘蔗株高可达 1.5 m（李纯佳 等，2015）。我国甘蔗主产区地形复杂，丘陵山坡地较多，中耕机要能适应多种地形。我国现行主要的甘蔗种植行距为 0.8~0.9 m，而大型切断式联合甘蔗收割机要求行距不小于 1.4 m，其余的中小型收割机要求行距不小于 1 m（洪青梅 等，2015；区颖刚 等，2009）。甘蔗中耕机应该能适应 1~1.4 m 的行距变化。中耕机田间作业时，不同的作业项目有不同的速度要求，具体为：松土除草时作业行走速度应为 6~8 km/h，施肥培土时作业行走速度应为 4~6 km/h。作业时沿蔗行直线行驶（邓干然，李明，1999）。

根据农艺要求中耕机必须具备以下性能。

1) 1.5 m 以上的甘蔗跨顶高度。

2) 能够适应 1~1.4 m 的种植行距，行距可调。

3) 根据甘蔗地间的道路宽度，中耕机转弯半径最好小于 4 m。

4) 两挡变速，高速挡行走，低速挡作业。

5) 适应 15° 左右的坡地作业。

(二) 菱形四轮甘蔗中耕机介绍

1. 中耕机底盘

华南农业大学南方农业机械与装备关键技术教育部重点实验室研制的自走式菱形四轮甘蔗中耕机样机，结构图如图 2-25 所示（黄淼，2016）。

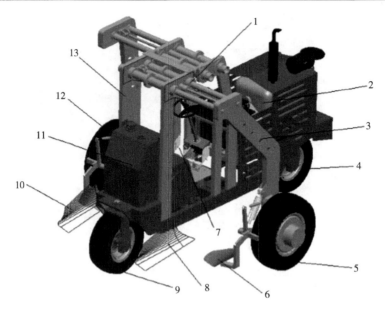

1. 轮距调节液压缸 2. 发动机 3. 右侧臂 4. 前轮 5. 右驱动轮 6 (8、10). 中耕机具
7. 驾驶室 9. 后轮 11. 液压油箱 12. 左驱动轮 13. 左侧臂

图 2-25 自走式菱形四轮甘蔗中耕机三维结构

甘蔗中耕机属于特种农机，用于甘蔗中耕、破垄、施肥作业，要在长有甘蔗的地里穿行。甘蔗中耕机重 4.3 t，发动机型号为玉柴 YCD4K22T-80，参数如表 2-18 所示。

表 2-18 中耕机柴油机性能参数

型号	型式	排量	标定功率/转速	最大扭矩/转速
YCD4K22T-80	直列 4 缸	4.8 L	59 kW/2 600 r/min	260 N·m/1 700~1 900 r/min

中耕机车轮为菱形布置，其中左、右轮为驱动轮，驱动轮外径为 976 mm。前后轮为从动轮，从动轮外径为 810 mm。中耕机整机车身全长约 4 m，高约 2.6 m，最小转弯半径为 4.7 m。

中耕机最大的特点是 4 个车轮为菱形布置，这样既减小了中耕机的转弯半径，又增加了中耕机的行间通过性能。甘蔗中耕机左、右轮为驱动轮，前后轮为从动轮兼转向轮。甘蔗中耕机的左、右轮可往内外伸缩，左、右轮距可调，由液压缸的伸缩来实现，调节范围为 1.0~1.4 m，能够适应 1.0~1.4 m 的甘蔗种植行距。发动机安装在狭长的车身前部，左、右驱动轮安装在龙门架式的左、右侧臂上，保证中耕机能够实现 1.5 m 以上的跨顶高度。菱形四轮高地隙中耕机结构特殊，为了降低重心，中耕机底盘设计得比较低，但同时车身又比较高，以增强机器在甘蔗地的行间通过性。同理，中耕机车身中间部分设计得狭长，前端安装发动机，后端安装液压油箱以及驾驶座。左、右轮分布在两侧。甘蔗中耕机的作业机具安装在左、右臂以及后轮支架上，通过升降液压缸调整作业深度。

2. 中耕机车架

中耕机旋转车架的结构如图2-26所示。中耕机车轮没有设计安装悬架系统，为了保证中耕机在路面不平的甘蔗地里行走时4个车轮能同时着地，保证中耕机良好的行走性能，设计了独特的旋转车身。中耕机底盘由前、后两部分车架铰接而成，靠弹簧复位。前后车架能相对转动，转动角为0°~15°，左、右轮可以上下调节的高度为0~240 mm，基本满足了甘蔗地田间行走要求。

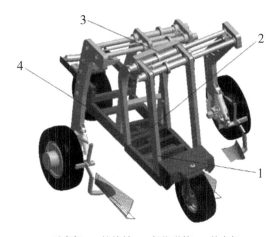

1. 后车架 2. 铰接轴 3. 复位弹簧 4. 前车架

图2-26 中耕机旋转车架结构

中耕机样机加工出来后，测得其车身质量分布如图2-27所示。其中，F_{Z1} = 11 945 N、F_{Z2} = 8 750 N、F_{Z3} = 12 485 N。可以看出，中耕机车身质量主要分布在前后轮，前后轮承重约占整机质量的70%。

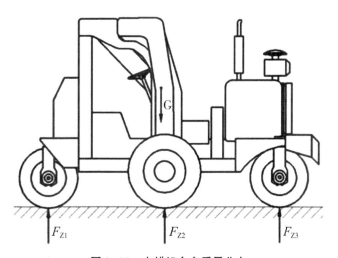

图2-27 中耕机车身质量分布

3. 中耕机液压行走系统分析

（1）液压系统原理图分析

中耕机采用全液压驱动，左、右轮为驱动轮，前、后轮为从动轮。中耕机行走系统液压原理图如图 2-28 所示。

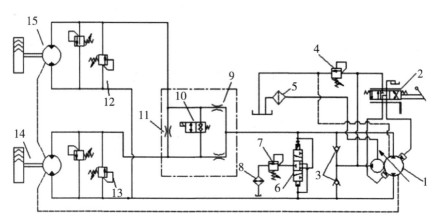

1. 泵组 2. 三位四通手动换向阀 3. 单向阀 4（7、12、13）. 溢流阀 5. 过滤器 6. 热油梭阀
8. 冷却器 9. 分流阀 10. 二位二通电磁换向阀 11. 固定节流孔 14（15）. 行走马达

图 2-28　中耕机行走系统液压原理

中耕机采用单泵双马达并联的闭式液压行走系统，其中手控变量泵 1 自带补油泵，通过三位四通手动换向阀 2 控制变量泵的旋向，实现泵的正、反转。溢流阀 4 设定了补油泵的补油压力。热油冲洗阀 6 使得部分高压油经溢流阀 7 回油箱，并且流经冷却器 8 进行热交换。电磁换向阀 10 控制分流阀的接入与否。当二位二通电磁换向阀 10 工作在左位时，分流阀 9 被短路，不起分流作用，此时 2 个液压行走马达直接并联，方便转向时左、右轮的自动差速。当二位二通电磁换向阀 10 工作在右位时，分流阀 9 被接入主油路中并按 1∶1 进行分流，保证左、右行走马达同步，保证中耕机在路况崎岖不平的田间地头具有良好的直线行走性能。需要特别指出的是，分流阀 9 分流出来的 2 条支路之间的固定节流孔 11 对消除流量波动有着显著的效果。如果没有固定节流孔 11，分流阀 9 分出来的两路油路很容易出现流量波动，影响整个系统的稳定性。溢流阀 12、13 设定了行走马达的最高压力，做安全阀使用。

（2）中耕机主要液压元件参数

中耕机的液压系统采用进口的 Eaton 液压产品，液压行走系统采用 Eaton33 定量马达和 Eaton64 手控变量泵，轮边减速型号是宁波邦力液压传动有限公司生产的 705T2B35，减速机的传动比为 35.5。控制油路采用 Eaton420 定量泵。主要液压元件的参数如表 2-19、表 2-20 所示。

表 2-19　行走马达参数

型号	Eaton33 马达参数
排量（cm³/r）	54.4
最高转速（r/min）	4 810
最高压力（MPa）	41.5
最大输入扭矩（N·m）	334

表 2-20　泵参数

项目	参数（Eaton64）	参数（Eaton420）
排量（cm³/r）	105.5	30
最高转速（r/min）	3 720	2 650
工作压力（MPa）	41.5	28
最大输入扭矩（N·m）	441	185
最大输出流量（L/min）	375	104

二、中耕机工作原理

中耕机作业时，先根据甘蔗地的种植行距调整好轮距，将机具安装在左、右臂以及后轮支架上，通过机具安装液压缸调整好机具的中耕深度。甘蔗中耕机为跨顶作业的高地隙农机，同时作业行数为 3 行，其作业示意图如图 2-29、图 2-30 所示。

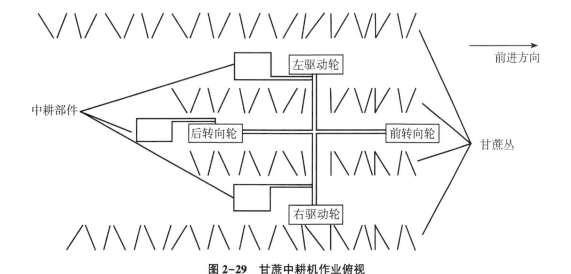

图 2-29　甘蔗中耕机作业俯视

根据甘蔗机械中耕的农艺要求，中耕机中耕作业时中耕机的车身和左、右侧臂在甘蔗垄间穿行，整部机器沿着甘蔗地里开好的沟笔直行走，作业速度为 4~6 km/h。作业

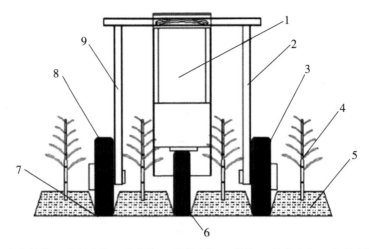

1. 驾驶室 2. 左侧臂 3. 左驱动轮 4. 甘蔗株 5. 甘蔗地垄 6. 前轮 7. 甘蔗地沟 8. 右驱动轮 9. 右侧臂

图 2-30 甘蔗中耕机作业正视

过程中，中耕机的左、右侧臂及车顶都不能挂到或者伤到甘蔗株，车轮应严格按照已经开好的沟行走，不能伤到甘蔗根部。

甘蔗地排水沟宽度有限，加之甘蔗长到 1 m 以上高度以后有些会出现轻微倒伏现象，对中耕机的直线行走性能要求很高，要求甘蔗中耕机不能够走偏，否则很容易碰到甘蔗株或者伤到甘蔗根部，影响甘蔗产量。

第六节　有机肥施肥机

随着我国养殖业的蓬勃发展，牲畜的排泄物给农业提供了大量的有机肥来源。化肥在农业生产中的大量使用带来农产品品质下降、土壤板结、水源污染、养分在土壤中的残留等问题（姜小凤 等，2009；李世清 等，2004），而要解决这些问题最根本的办法是增加土壤有机质肥的施用（温延臣 等，2015）。有机肥虽养分齐全，但氮、磷、钾含量少，与化肥相比施用量大，装载、运送与撒施需大量人力、物力，劳动强度大，卫生条件差，因而有机肥施用需要实现机械化。

一、2F-L 型地轮驱动的离心式撒肥机

（一）总体结构及工作原理

1. 总体结构

离心式变量撒肥机主要解决 4 个问题：一是肥料箱中能够装载充足的肥料，并且肥料能均匀地被输送至肥料抛撒机构；二是抛撒机构能够将肥料均匀地抛撒；三是肥料能

够方便地进行装载，并能长途运输；四是能够适应化肥、有机颗粒肥及农家肥的多种肥料的抛撒（杨怀君 等，2017）。设计的离心式变量撒肥机结构主要包括肥料箱、行走轮系、输送链板、抛撒系统、传动系统、控制调节器等，如图2-31所示。

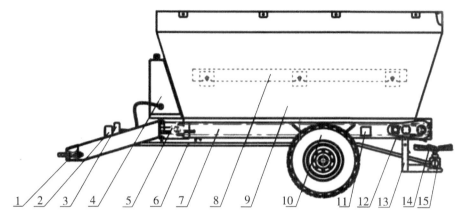

1. 牵引架　2. 总分动变速箱　3. 液压泵　4. 液压油箱　5. 输送链板　6. 万向传动轴　7. 撒肥机底盘
8. 分压板筋　9. 肥料箱　10. 行走轮系　11. 控制调节器　12. 输肥变速箱及
液压马达　13. 撒肥盘架　14. 撒肥盘　15. 齿轮箱

图 2-31　离心式变量撒肥机结构示意

2. 工作原理

离心式变量撒肥机在作业过程中，输送链板将肥料输送到肥料箱后端，经落肥口将肥料均分成两路，使肥料同时落入高速旋转的撒肥圆盘，由于撒肥圆盘旋转产生的离心力以及肥料和圆盘间的摩擦力作用，使肥料在撒肥圆盘以及拨肥叶片的相互作用，滑动或滚动一段距离，最终被拨肥叶片抛出。整个肥料抛撒主要包括肥料颗粒随着圆盘旋转而做的复合运动，以及肥料颗粒脱离圆盘后所做的抛射运动。

3. 主要技术参数

离心式变量撒肥机的技术参数见表2-21。

表 2-21　离心式变量撒肥机的技术参数

项目	参数
外形尺寸（长×宽×高）（mm）	5 550×2 230×2 280
配套动力（kW）	65.7
工作幅宽（m）	16
肥料箱容积（m^3）	7.5
拖拉机输出转速（r/min）	540
肥料输送方式	液压链板式输送
撒肥方式	双圆盘离心式
连接方式	牵引式

（二）主要工作部件的设计

1. 肥料箱

肥料箱是肥料的直接承载部件，肥料箱与输送链板结合，实现肥料的承载和输送，肥料箱所承受的载荷可近似地按照水压的类型计算，其所受载荷的特点是始终垂直于承载面，而且载荷随着深度的增加呈线性增加。因此肥料箱设计成倒梯形，梯形中间设有分压板筋，在肥料的运输过程中起到减压和加固肥料箱的作用，并降低肥料在长途运输时容易板结成块的概率。

2. 输送链板

为保证肥料能够均匀地输送至撒肥圆盘上，在肥料箱底部设计了输送链板结构，由扁平钢板和大节距链条组成（图 2-32），钢板和链条成 45°，减轻肥料对输送链板的阻力。工作时，拖拉机的后转动轴驱动总分动变速箱，变速箱通过万向轴传动撒肥圆盘齿轮箱，另一个轴驱动液压泵，由液压流量比例控制阀控制液压马达的转速，马达驱动输肥控制箱变速箱实现减速并驱动链板驱动轴以低角速度旋转，从而使肥料箱前方的肥料能够均匀地输送至肥料箱后端，从而均匀地流出到撒肥圆盘上。

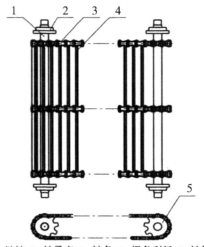

1. 链轴 2. 轴承座 3. 链条 4. 栅条刮板 5. 链轮

图 2-32　输送链板总成

3. 撒肥圆盘

撒肥圆盘是撒肥机重要的核心部件，直接影响施肥撒播的均匀性和工作幅宽。撒肥圆盘主要包括撒肥盘和拨肥叶片两部分，每个撒肥盘上均布 5 个拨肥叶片（图 2-33），拨肥叶片设计成凹槽状，内侧凹口小，外侧凹口大（图 2-34），利于肥料离开撒肥圆盘时的向上抛射，从而使水平抛射和向上抛射的肥料产生落地时间差，提高肥料抛射距离，提高抛撒均匀性。撒肥圆盘主要起到承接肥料以及安装拨肥叶片的作用，同时决定着颗粒肥料抛撒幅宽及抛撒均匀性。

撒肥圆盘的大小不同，其拨肥叶片长短也不同，圆盘大小和拨肥叶片长短的不同可以改变肥料在圆盘上运动的时间和离开圆盘时的角速度。在转速相同的情况下，撒肥圆盘大小对施肥距离有较为明显的影响。

本书所设计的撒肥圆盘直径尺寸为 500 mm，拨肥叶片外端超出撒肥圆盘 40 mm，撒肥圆盘和拨肥叶片材料采用 316 不锈钢板，厚度为 5 mm。撒肥机设有 2 组撒肥圆盘，圆盘间距为 0.58 m。

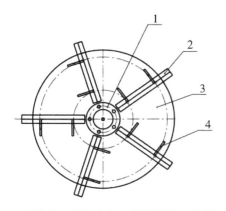

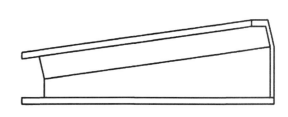

1. 连接座　2. 拨肥叶片　3. 撒肥圆盘　4. 立板

图 2-33　撒肥圆盘结构　　　　　　　　　　　　　**图 2-34　拨肥叶片**

4. 肥料抛射运动分析

为了提高肥料抛撒的均匀性，目前主要是通过在撒肥圆盘上间隔均布不同长短的拨肥叶片，且撒肥圆盘外侧拨肥叶片开口较大，当肥料离开拨肥叶片的时候，有部分产生斜向上的位移，从而改变肥料颗粒离开撒肥圆盘的初速度及抛射角度，提升肥料抛撒的均匀度及拨肥幅宽。离心式撒肥圆盘在同一转速下，根据抛射理论，斜向上抛射时，肥料可以抛射较远距离，并且通过产生的滞空时间差提高抛撒均匀性，把原先不采用分肥叶片抛撒的肥料量分散抛撒，形成二次抛撒，从而使分开的两束肥料产生落地位置的变化。而抛射物的运动可描述为平面上一个动点的轨迹，即抛射曲线，不考虑空气阻力等因素，其参数方程为：

$$x = v\cos\alpha \times t$$

$$y = v\sin\alpha \times t - \frac{1}{2}g\,t^2$$

(三) 撒肥机的试验分析

1. 试验方法

试验采用二维收集矩阵法进行试验，撒肥机行走路线如图 2-35 所示。施肥区域的大小为 20 m×35 m 的矩形区域，在横向施肥幅宽上每 4 m 安放一块收集肥料的收集布料，收集布料为 1 m×1 m 的方形布料，纵向施肥距离每 6 m 安放一组收集布料，所有的收集布料组成一个 5×9 矩阵。其中，虚线为拖拉机行驶的中心线。在撒肥机通过试验区后，收集每个收集点上的肥料，并标号记录。采用矩形区域收集点来收集肥料进行测量，不但可以在横向幅宽方向上能拥有多组数据，降低单行收集数据的绝对性，减小田间地形带来的影响，而且还可以在纵向施肥距离上来观察施肥变化。

2. 试验材料及试验地点

试验材料：采用经堆化发酵 1 年的腐熟牛粪，颗粒直径为 1.2~50 mm，含水率≤

68%。试验地点：新疆生产建设兵团第六师共青团农场农机库区。

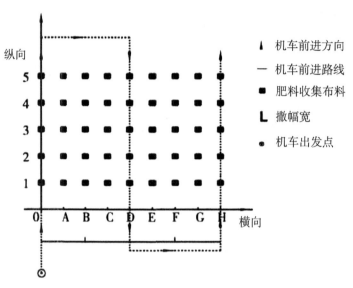

图2-35　试验机车行进路线

3. 试验结果及分析

撒肥机撒肥试验如图2-36所示。根据试验安排将试验结果进行统计整理，见表2-22。

图2-36　撒肥机试验现场照片

表2-22　正交实验结果

指标	序号	A前进速度	B链板转速	空列	C撒肥圆盘转速（r/min）	变异系数（%）	幅宽（m）	撒肥量（kg/亩）
	1	1(5.5)	1(1)	1	1(540)	11.7	18.1	1 224.76
	2	1(5.5)	2(2)	2	2(450)	9.9	16.5	1 136.45
	3	1(5.5)	3(5)	3	3(320)	14.4	18.7	1 294.38

（续表）

指标	序号	A 前进速度	B 链板转速	空列	C 撒肥圆盘转速（r/min）	变异系数（%）	幅宽（m）	撒肥量（kg/亩）
	4	2(8.0)	1(1)	2	3(320)	16.8	18.9	1 165.14
	5	2(8.0)	2(2)	3	1(540)	12.3	19.9	1 260.97
	6	2(8.0)	3(5)	1	2(450)	9.9	17.0	1 187.63
	7	3(15.0)	1(1)	3	2(450)	9.9	16.9	1 044.88
	8	3(15.0)	2(2)	1	3(320)	15.0	19.2	1 254.71
	9	3(15.0)	3(5)	2	1(540)	8.7	19.7	1 298.69
变异系数	k_1	12.00	12.80	12.13	10.90			
	k_2	12.93	12.40	11.80	9.83			
	k_3	11.20	10.93	12.20	15.40			
	R	1.73	1.87	0.40	5.57			
幅宽	k_1	17.77	17.97	18.10	19.23			
	k_2	18.60	18.53	18.37	16.80			
	k_3	18.60	18.47	18.50	18.93			
	R	0.83	0.57	0.40	2.43			
撒肥量	k_1	1 228.57	1 154.93	1 222.37	1 268.13			
	k_2	1 211.20	1 234.03	1 210.10	1 143.00			
	k_3	1 209.43	1 260.23	1 216.73	1 238.07			
	R	19.13	105.30	12.27	125.13			

通过分析可以得出，影响机具作业变异度系数因素的主次顺序为 C>B>A，影响机具作业幅宽因素的主次顺序为 C>A>B，影响机具作业撒肥量因素的主次顺序为 C>B>A。采用直观分析法对试验结果进行分析，得到各因素与考核指标的趋势图如图 2-37 所示。

图 2-37（a）所示为撒肥机撒肥均匀度变异系数与机具作业因素的趋势图，该作业指标要求变异系数越小，撒肥均匀性越好。从图中可以看出，A_3、B_3、C_2 变异系数最小；撒肥过程中幅宽要求越大越好。从图 2-37（b）可以看出，各因素中 A_2、A_3、B_2、C_1 撒肥幅宽最大，效果最好；实际作业时，有机肥撒肥量越多，说明撒肥机撒肥能力越好。从图 2-37（c）可以看出，各因素中对撒肥量最高的因素为 A_1、B_3 和 C_1。

通过方差分析可知，机具前进速度对机具的性能影响不显著，链板转速对变异系数和撒肥量影响均显著，撒肥圆盘转速对变异系数和撒肥量影响非常显著，对幅宽影响显著。综合上述分析，得到变异系数的最优方案为 $C_2B_3A_3$，幅宽的最优方案为 $C_1B_2A_2$ 和 $C_1B_2A_3$，撒肥量的最优方案为 $C_1B_3A_1$，采用综合平衡法得到较优组合方案为 $C_1B_3A_1$。

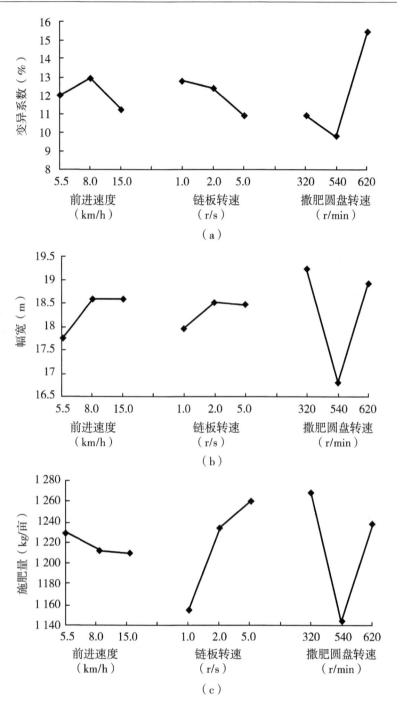

图 2-37 因素与作业指标的趋势

(四) 结 论

离心式变量撒肥机作业质量最显著的影响因素为撒肥圆盘的转速, 其次为链板转速，最后为机组前进速度。当机组前进速度较低时，链板转速较高，撒肥圆盘的转速适当降低，机具的综合作业水平较好。当机具前进速度为 5.5 km/h，链板转速为 5.0 r/s，撒肥圆盘转速为 540 r/min 时，得到撒肥均匀度变异系数为 10.2%，作业幅宽为 19.3 m，撒肥量为 1 268.97 kg/亩。

二、螺杆式有机肥施肥机

（一）有机肥施肥机结构设计

1. 整机结构

螺杆式有机肥施肥机结构如图 2-38（吴爱兵 等，2013）所示。其中肥料箱尺寸为（3 500 mm× 1 370 mm×900 mm）。

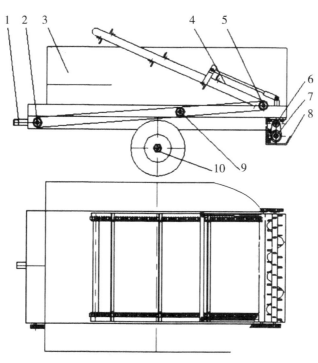

1. 动力输入轴　2. 传动系统　3. 肥料箱　4. 液压输肥机构　5. 输肥链轮　6. 破碎机构
7. 螺杆撒肥器　8. 撒肥托板　9. 支撑链轮　10. 行走地轮

图 2-38　有机肥施肥机结构

2. 破碎机构及螺杆撒肥器

（1）破碎机构

破碎机构示意图如图 2-39 所示。有机肥破碎机构安装在肥料箱出料端，将输肥机构送来的块状有机肥或杂物破碎后送入螺杆撒肥器进行撒施。

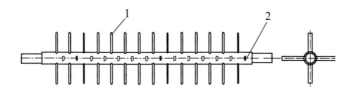

1. 刀片 2. 转动轴

图 2-39 肥料破碎机构示意

(2) 螺杆式撒肥器

螺杆式撒肥器结构如图 2-40 所示。

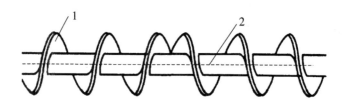

1. 叶片 2. 轴

图 2-40 螺杆撒肥器结构示意

螺杆撒肥器安装于肥料破碎机构下端，将破碎后的有机肥料抛撒出去。为了确保有机肥均匀撒施，螺杆撒肥器采用横轴对称左右螺旋螺杆式，螺杆螺距为 150 ram，45°倾角。

3. 整机传动关系及传动比

螺杆式有机肥施肥机配套动力为 JZB-504 型四轮拖拉机。传动系统示意如图 2-41 所示。四轮拖拉机动力输出轴通过键连接带动施肥机动力输入轴，动力输入轴通过锥齿轮带动锥齿轮轴，锥齿轮轴通过一级传动链带动输肥机构传动轴。输肥机构传动轴通过二级传动链带动螺杆撒肥器轴，螺杆撒肥器轴通过三级传动链带动破碎机构传动轴。

1) 依据施肥量（9 t/hm²）、有机肥容重（473.3 kg/m³）、作业效率（0.8 hm²/h）以及施肥机肥料箱尺寸计算出施肥机输肥机构转速为 190 r/min，四轮拖拉机输出轴转速为 540 r/min。因此，一级链传动转速比应为 2.8：1。

2) 螺杆撒肥器肥料颗粒运动方向分析如图 2-42 所示。螺杆撒肥器转速由以下公式计算确定。

$$V_X = V\cos\theta$$
$$V_Y = 0$$
$$V_Z = V\sin\theta$$
$$t = \sqrt{2h/g}$$
$$S = V_X t$$

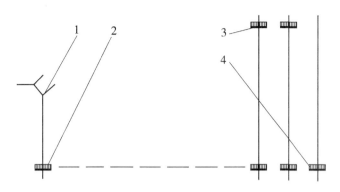

1. 锥齿轮传动 2. 一级链传动 3. 二级链传动 4. 三级链传动

图 2-41 有机施肥机传动系统示意

式中：t—有机肥从螺杆撒肥器抛撒后的落地时间，s；h—撒肥器螺杆中心到地面高度，m；V—有机肥在螺杆推动下的绝对速度，m/s；S—螺杆顶端到施肥幅宽边缘距离；θ—螺杆叶片倾角。

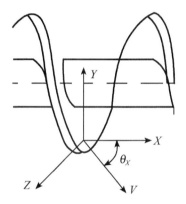

图 2-42 螺杆撒肥器肥料颗粒运动方向分析

已知：$\theta = 45°$，$h = 0.38$ m，$S = 0.6$ m。可以计算出有机肥撒施时的 $V_X = 2.16$ m/s、$V_Z = 2.16$ m/s。根据螺杆的半径计算出螺杆的旋转速度为 144 r/min。由此得出输肥机构与螺杆撒肥器的传动比为 0.94 : 1，即为二级链传动的传动比。

3）根据破碎机构对有机肥的破碎试验. 测出破碎机构转速为 240 r/min 时能满足破碎要求。因此，螺杆撒肥器转速与破碎机构转速比为 144 : 240 = 0.6 : 1，即为三级链传动的传动比。

综上所述，拖拉机动力输出轴、输肥机构、螺旋撒肥器及破碎机构的转速比为 540 : 135 : 144 : 240。

4. 液压输肥机构

液压输肥机构由控制输肥机构上下转动的液压连杆、刮肥板、转动链条、输肥传动轴组成，如图 2-43 所示。向肥料箱添加肥料之前，液压连杆控制输肥机构处于抬起状态，肥料添加完成后开始工作。输肥机构向螺杆撒肥器送肥的同时在液压连杆的控制下始终处于肥料上部，随着肥料下降而下降。与固定在肥料箱底部的输肥刮板相比，本设计大大减小了输肥驱动链的拉力，减轻牵引动力的负荷，起到节能的效果。

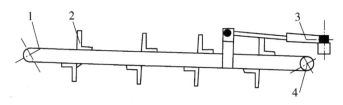

1. 传动链 2. 刮肥板 3. 液压连杆 4. 传动轴

图 2-43 液压输肥机构示意

(二) 试验与分析

试验设备为牵引式有机肥撒施机，配套动力为东方红 LR6M3Z-21 型四轮拖拉机。试验材料为含水量 60.32%、含杂率 10%、堆密度 473.3 kg/m³ 的块状牛粪。试验场地为 30 m×10 m 水泥地面。有机肥撒施试验按行走速度 $V=5$ km/h、$V=8$ km/h 进行，2 种速度各撒施有机肥 30 m。分别按前进方向收集 10 cm、1 m 长度有机肥进行称重。试验数据见表 2-23。试验数据分析结果见表 2-24。从表 2-24 可以看出，2 种施肥行进速度下的施肥均匀性、差异率、幅宽、作业效率等指标都能满足设计要求。

表 2-23 有机肥施肥试验记录

速度 (km/h)	幅宽 (m)		10 cm 质量 (g)						1 m 质量 (kg)	
		215	210	225	214	224	196			
		220	218	197	192	205	214			
5	1.8	196	221	198	204	215	223	2.14	2.09	208
		197	211	218	212	197	202			
		212	215	218	196	204	212			
		105	102	108	102	98	102			
		112	98	105	112	101	97			
8	2.1	105	106	97	111	106	103	1.04	1.05	1.03
		108	106	99	107	106	104			
		107	105	98	106	99	102			

表 2-24 试验数据分析结果

项目	要求指标	5 km/h 结果	8 km/h 结果
配套动力（kW）	40~50	50	50
施肥量（t/hm²）	4.5~9	11.7	6.6
播幅宽度（m）	1.8~2.4	1.8	2.1
作业效率（hm²/h）	0.53~0.8	0.54	1.02
施肥均匀性	≥95%	96%	96.6%
施肥差异率	≤2%	0.86%	0.10%

（三）总　结

通过以上试验验证，有机肥施肥机能够适应农家肥施肥要求。施肥机采用液压输肥刮板、破碎机构、螺杆撒肥器为执行部件，完全能够达到撒施各种农家厩肥、成品有机肥的目的，施肥效果好。由于有机肥施肥机机构简单、操作方便、作业可靠，且适用范围广，通用性好，具有良好的市场前景。

第七节　甘蔗中耕管理机械与农艺相融合

甘蔗生产环节主要包括深松、犁地、耙地、旋耕、种植、中耕施肥、施药、灌溉和收获等（区颖刚 等，2009）。我国甘蔗中耕作业基本上采用人工劳作方式，甚至多地为降低成本省略中耕作业环节，甘蔗中耕作业质量较低，培土高度受到制约，甘蔗生长中后期抗倒伏能力差，严重影响了甘蔗生产机械化进程（廖娜 等，2017）。相关学者研究发现，采用机械化方式一次性完成松土、除草、施肥和培土等作业，能及时改善土壤物理性状、蓄水保墒、消灭杂草和虫害、提高地温、促使土壤有机物分解以及提高土壤肥力，为甘蔗生长发育创造良好的条件，进一步为甘蔗机械化收获奠定坚实的基础。

一、甘蔗机械中耕管理技术概述

甘蔗机械的投入能有效提高工作效率，降低劳动强度，促进增收。特别是中耕管理机械对甘蔗的中耕、培土（破垄）和施肥管理起了极大作用，它能完成甘蔗地破垄松蔸和一次完成中耕碎土、除草、施肥及培土作业，从而降低劳动强度，提高工作效率，也大大提高了生产质量，给甘蔗稳产高产奠定坚实基础，也是解决甘蔗管理人工短缺和降低生产成本的有效途径（黄朝伟，2015）。我国甘蔗生产中普遍采用的农艺措施是种植时施基肥，中耕环节完成蔗苗追肥、小培土、大培土和除草等作业。

（一）技术定义

甘蔗机械中耕、培土（破垄）、施肥技术是指利用甘蔗中耕培土机械在行间进行破垄、松（碎）土、破膜、除草、施肥及培土多项作业的技术。

（二）作用与效果

1）保墒、防止土壤水分蒸发。有保墒和提高土壤能力的功能。

2）可以破除土壤板结。疏松表土、增加通气性，促进土壤细菌微生物活动，调解土壤生理机能。破碎覆盖地膜便于肥料吸收。

3）有保根、护根和防止倒伏的作用。

4）肥料深施提高肥料利用率。

5）有去除杂草的作用。

6）有效控制甘蔗多余的分蘖，保证甘蔗的有效苗数。

7）提高生产率。甘蔗中耕、培土（破垄）、施肥机械 技术一次可完成破垄碎土、除草、施肥和培土等作业工序。

与人畜力相比，甘蔗机械中耕、培土（破垄）和施肥技术具有生产率高（比人畜劳作高 50 倍）、作业质量好、肥料利用率高（比人工施肥高 15%）和节本增效等显著优点，因此受到农户的广泛欢迎，该项技术已作为科技部重点推广技术进行推广应用。

二、甘蔗中耕管理的农艺要求

甘蔗是中耕作物，在田间管理中要求多次中耕、培土，以促进根系的发达。甘蔗中耕培土可分为小培土、中培土和大培土。小培土在幼苗有 6、7 片真叶，出现分蘖时结合攻蘖肥进行；中培土在分蘖盛期，结合施壮蘖肥进行；大培土则在甘蔗生长初期进行（罗全 等，2015）。但现在农户多对新种甘蔗进行农药封闭，一般封闭药效长达 3 个月左右，为此大多数甘蔗都不进行第 1 次松土。

中耕培土除有防除杂草，增加土壤通透性，减少肥料流失，促进根系生长的作用外，可抑制后期的无效分蘖，具有增强抗倒伏能力和方便排灌的作用。试验结果表明，甘蔗大培土比不培土增产 25% 左右。采用甘蔗中耕培土机械化作业，一次完成碎土、除草、施肥、培土等作业工序，大大提高了劳动效率和作业质量，降低生产成本，节本增效效果显著。

三、甘蔗中耕机械发展历程及机型特点

我国从 20 世纪 70 年代开始逐渐研制出一批甘蔗中耕适用机具，但使用规模不大。依据生产需要，目前甘蔗中耕机械已由单一的耕作机具，逐步发展为具有施肥、覆膜等多功能一体机。按照功能划分，甘蔗中耕机主要有两种类型：一种是手扶拖拉机作为配套动力不带施肥装置的中耕机具，可完成松土、除草、培土作业；另一种是手扶或轮式拖拉机配套带施肥装置的中耕机具，可完成松土、除草、施肥和培土等作业。

机型特点如下。

1）1GP-0.7 型中耕培土机。该机与丹霞 61 型手扶拖拉机配套，适应小地块和丘陵地带、小行距作业，不受蔗苗高度限制。

2）3ZP-0.7 小型多用中耕培土机。该机与腾乐 YN-31 型微耕机配套，作业效率高

且碎土效果好，主要应用于甘蔗中耕培土、旱地免耕开沟、筑垄和破表土板结等作业。

3）3ZP-0.8 型甘蔗中耕培土机。该机主要应用于甘蔗中耕培土、水田旋耕、灭茬、深松和果园开沟等作业。

4）3GDS-3 型多功能施肥机。该机与中型轮式拖拉机配套，用于宿根甘蔗中耕、新植蔗开沟施肥以及甘蔗苗期培土施肥等作业，排肥效果好，破垄作业深度可达25 cm，有效提高肥料利用率。

5）3ZFS-1 型甘蔗中耕施肥培土机。该机以手扶拖拉机为配套动力，穿行作业，是施肥机与中耕培土机的组合机型，尾轮采用液压升降，升降迅速，利于作业及田间转移，可在甘蔗的各个生长期进行除草、施肥和培土作业，作业质量好，效率高。

6）3ZFS-2 型甘蔗中耕施肥培土机。该机具与44~58.8 kW 轮式拖拉机配套使用，跨行作业，操作方便、灵活，旋耕碎土深浅可调节，可同时完成碎土、除草、施肥和培土作业，适用于甘蔗的苗期作业，作业质量好，生产效率高。

7）3ZVP-1.2 型甘蔗中耕施肥培土机。该机与 29 kW 以上中型拖拉机配套使用，主要由机架、开沟犁、培土犁、施肥机构等组成，适合甘蔗种植行距为80~160 cm，犁铲式碎土，乘坐式操作，一次可完成碎土、除草、施肥和培土作业。

8）WG-2.85 型多功能甘蔗中耕施肥机。该机与纽荷兰 TB-90 型高地隙拖拉机配套，可广泛用于宿根甘蔗生长中期田间管理和新植甘蔗开沟施肥等机械化作业，适应性强，作业高效。

9）3ZSP-2 型多功能甘蔗施肥培土机。该机旋耕质量稳定，施肥机构具备变量监控和报警功能，保证施肥稳定性和精准性，培土质量好，工作效率高。

10）3GD-2.85PF 型高地隙甘蔗多功能施肥机。该机以纽荷兰 TB-110 型拖拉机为配套动力，适合甘蔗种植行距为0.9~1.4 m，一次可完成碎土、除草、施肥和培土4 道工序联合作业。

四、我国甘蔗中耕管理机械化作业存在的问题

中耕管理是形成高产群体结构、促进蔗茎快速伸长、持续生长的关键。我国目前的中耕管理机具配置与耕整地类似，在中、大规模的缓坡地、条件较好的丘陵地多采用拖拉机悬挂铧式犁，少数也使用圆盘犁进行，而在地块较小的丘陵、坡耕地以及散户蔗农多采用微耕机进行。前者易与联合收获机所要求的大行距（1.3 m 以上）种植模式相匹配，可实现中耕、除草、施肥、用药、培土联合作业，且具有潜耕功能，对缓解甘蔗分蘖初期常遇的旱情、促进分蘖、减少肥效挥发散失、延长肥效持续期、保证培土质量、抗倒伏均有很好的效果，工效可高达 1 hm²/h，是节本增产最重要的管理措施。同时也是甘蔗农机农艺融合的技术难点，涉及墒情、苗情及肥效的协调管理，特别是大培土作业。由于目前我国大陆地区缺乏高地隙大功率拖拉机及合适的大培土农具，因此在了解品种种性的前提下，作业时间的掌握应优先考虑甘蔗株高适宜，采用促蘖与攻茎并重的营养管理策略，以大功率深施肥机突破传统的宜耕土壤条件限制，在灌溉设施条件配套较好的中、大型农场可变被动式管理为

主动式管理，实现高产的目标。

以微耕机进行中耕培土是散户蔗农或地块较小的丘陵及坡耕地蔗区目前应用较广、短期内仍难以替代的作业方式，仅适合 1.0~1.2 m 的种植行距，与大功率联合收获作业无法匹配。机手劳动强度仍较大，工效提高有限，其培土的作用更多的仅是覆盖所施肥药。由于不具备潜耕深松功能，长期使用这种方式易造成犁底层以下土壤板结，耕层变浅。由于表土过于疏松，保墒保肥性差，如遇旱季，甘蔗受旱影响愈重；如遇强降水，由于土壤容水量小，雨水不能及时向下渗透，在土壤表面形成径流，尤其对坡耕地造成土肥流失严重。犁底层以下土壤板结，肥料施入浅，也不利于甘蔗根系下扎，对抗倒伏及宿根蔗均有明显的不良影响。因此在此种类型蔗区应采用保护性耕作方式，大力提倡覆盖技术、有机肥、生物肥技术的应用。

五、不同地形条件下甘蔗机械化的农艺策略

地形条件和单位生产规模是实行机械化的基础。农业部于 2011 年 7 月发布了《甘蔗生产机械化技术指导意见》，针对缓坡地、丘陵地、坡耕地类型及不同生产规模，确立了大规模全程机械化、中等规模全程机械化、小规模部分机械化及微小型半机械化 4 种模式，是我国现阶段甘蔗机械化科学发展、分类指导的指导性文件。下面就全程机械化模式和部分（半）机械化模式下的配套农艺技术要求进行分析。

1. 中、大规模缓坡和条件较好的丘陵地机械化配套农艺技术分析

该模式属于"装备成套化、机具大型化、作业标准化"为特征的现代化大生产模式，也是可望实现我国最高蔗茎产量、最节本、最长宿根年限的一种应用模式。全程机械化对品种选择的要求较高，除传统的优良种性外，应首要关注分蘖成茎在产量构成中的主导作用。要求品种分蘖性强，成茎率高，在生长特性上最好选择前期生长稳健，先促蘖，后伸长，主茎、分蘖整齐均匀的品种，避免使用主茎伸长较早，分蘖出生较晚的品种，以保证中耕培土的作业适期和作业质量。田间管理的重点在于植前深松、中期潜耕和宿根破垄，其目的都在于不打乱土层的前提下改善土壤结构，创造适合甘蔗和有益微生物生长的水、肥、气条件。植前深松辅以蔗叶还田，种植配合增施有机质、地膜覆盖都是我国蔗区现有土壤肥力和气候条件下必要的增产措施。灌溉系统不仅应发挥抗旱的功能，还要成为调节土壤宜耕性、水肥药一体化管理，特别是保证甘蔗进入伸长期后管理的必要辅助手段。因此，在有条件的生产单位，大田自走式灌溉机械将会有更大的应用前景。

2. 小规模丘陵地和坡耕地机械化配套农艺技术分析

小规模部分机械化及微小型半机械化模式是适应我国甘蔗生产者地块面积偏小、地形复杂的条件下，以减轻劳动强度、提高劳动效率为主要目标，以蔗农互助和小型服务组织为主要形式的一种生产方式。在区域种植结构、地方蔗糖经济短期内难以调整的情况下还具有相当的普遍性。如前所述，保护性耕作技术和培肥地力是这类模式下实现高产稳产的关键。由于抵御自然灾害和肥水调控能力相对薄弱，品种的抗旱、抗寒性尤显

重要，应予优先考虑。为适应分段式收获作业，产量构成应在考虑单位面积有效茎数的同时重点兼顾单茎重因子，选用直立抗倒伏、中大茎、早发快长、封行早的品种，以及早形成高产苗架，控制杂草，减少水分蒸腾散失。要充分发挥人工作业环节"选"的作用，确保种苗质量和有效下种量；利用好传统的农村废弃物田边堆沤池、田头水窖等，在生产全程注意增加有机质、生物肥使用比重，逐年改善耕层结构，保障甘蔗稳产。

六、总　结

农机农艺融合是中国特色的现代农业概念。相对发达国家农业生产技术从科研到应用都在机械化的选择压力和作业模式下进行而言，我国甘蔗机械化配套农艺技术面临着基于传统、高于传统的新的研究思路和方向的调整，尤其对于中、大规模全程机械化模式的应用，标准化，甚至精准化田间作业管理的趋势和特点促进了相关学科的交叉，大田环境生物信息监测与决策系统研究将成为必然的研究热点；对于小规模丘陵地和坡耕地机械化模式，结合土壤培肥的保护性耕作技术将是重中之重的发展方向。

参考文献

陈建国，2002. 机引甘蔗多功能施肥机的设计与研制 [J]. 热带农业工程（2）：7-11.

邓干然，李明，1999. 我国甘蔗中耕培土机具的现状与分析 [J]. 中国农机化学报（1）：40-41.

董学虎，卢敬铭，李明，等，2013. 3ZSP-2 型中型多功能甘蔗施肥培土机的结构设计 [J]. 广东农业科学，40（15）：180-182.

范雨杭，2010. 甘蔗中耕施肥培土机施肥机构仿真研究与优化设计 [D]. 南宁：广西大学.

扶爱民，齐国，2009. 耕整地与种植机械 [M]. 北京：中国农业大学出版社. 82-92.

何雄奎，刘亚佳，2006. 农业机械化 [M]. 北京：化学工业出版社. 84-103.

洪青梅，董学虎，李明，等，2015. 3ZSP-2 型多功能甘蔗中耕管理机变量施肥控制系统 [J]. 农机化研究（12）：118-124.

黄朝伟，2015. 甘蔗机械中耕、培土（破垄）、施肥技术研究 [J]. 农业机械（上半月）（3）：125-126.

黄淼，2016. 菱形四轮甘蔗中耕机液压行走系统改进设计 [D]. 广东：华南农业大学.

黄振瑞，陈东城，安玉兴，等，2013. 多功能肥膜药一体化轻便型耕作培土机的研制 [J]. 甘蔗糖业（4）：41-43.

姜小凤，王淑英，郭建国，等，2009. 鸡粪和化学肥料配施对砂质梨园土壤有效养分的影响 [J]. 西北农业学报，18（3）：177-180.

李爱国，宋聪敏，李和平，等，2014. 多功能水肥一体定额灌溉机的研制与应用
　　[J]. 安徽农业科学，42（21）：7237-7238，7258.

李纯佳，徐超华，覃伟，等，2015. 甘蔗株高相关性状数量研究 [J]. 中国糖料，
　　37（3）：1-3.

李明，黄晖，邓干然，2008. 我国甘蔗施肥机具的研究现状与分析 [J]. 中国热带
　　农业（3）：35-36.

李世清，李生秀，邵明安，等，2004. 半干旱农田生态系统作物根系和施肥对土壤
　　微生物体氮的影响 [J]. 植物营养与肥料学报，10（6）：613-619.

梁有为，2003. 1GP-0.7 型甘蔗中耕培土机的研制及应用 [J]. 广西农业机械化
　　（3）：35-36.

廖娜，刘赟东，贺城，等，2017. 我国甘蔗中耕机械发展现状及趋势 [J]. 农业工
　　程，7（2）：5-8.

陆绍德，2005. 3GDS-3 型甘蔗多功能施肥机研制与推广应用 [J]. 现代农业装备
　　（9）：101-104.

陆绍德，关经伦，黄所，等，2013. 甘蔗水肥一体化技术应用效果 [J]. 中国热带
　　农业（5）：62-63.

陆绍德，黄所，关经伦，等，2012. HJYDS-1 型移动式水肥药一体化施肥车研制
　　与推广 [J]. 现代农业装备（9）：48-50.

罗全，赵明，黄素勤，2015. 甘蔗机械化栽培技术的研究 [J]. 广西农业机械化
　　（4）：11-14.

区颖刚，彭钊，杨丹彤，等，2009. 我国甘蔗生产机械化的现状和发展趋势：纪念
　　中国农业工程学会成立三十周年暨中国农业工程学会 2009 年学术年会（CSAE
　　2009）[C]. 北京：中国农业工程学会. 1-4.

温礼，陈瑞强，黄文，1994. 多功能甘蔗中耕机的研究与设计 [J]. 广东农机
　　（4）：3-6.

温延臣，李燕青，袁亮，等，2015. 长期不同施肥制度土壤肥力特征综合评价方法
　　[J]. 农业工程学报，31（7）：91-99.

吴爱兵，朱德文，陈永生，等，2013. 螺杆式有机肥施肥机的研制与试验 [J]. 中
　　国农机化学报，34（6）：174-176，162.

肖桂泉，1993. SPZ-3 型甘蔗施肥培土机研制与试验 [J]. 热带作物机械化（1）：
　　24-26，31.

许树宁，王维赞，梁兆新，等，2014. 配套手扶拖拉机小型甘蔗破垄施肥机的研制
　　与应用 [J]. 热带农业工程，38（6）：1-5.

阳慈香，黄小文，朱和源，2007. 高地隙拖拉机的引进及甘蔗田管配套机械的研制
　　应用 [C]. 中国热带作物学会 2007 年学术年会. 广东省丰收糖业发展有限公司.
　　391-401.

杨怀君，汤智辉，孟祥金，等，2017. 离心式变量撒肥机的设计与试验 [J]. 甘肃
　　农业大学学报，52（1）：144-149.

臧英，罗锡文，2009. 南方农业机械化新技术与新机具：纪念中国农业工程学会成立三十周年暨中国农业工程学会 2009 年学术年会（CSAE 2009）［C］. 北京：中国农业工程学会. 258-263.

周秋霞，董学虎，卢敬铭，等，2013. 小型轮式拖拉机配套甘蔗中耕施肥培土机作业效益分析［J］. 现代农业装备（5）：53-55.

SRIVASTAVA A C, 1995. Design and development of a sugarcane cutter-planter with tillage discs ［J］. Applied Engineering in Agriculture, 11（3）：335-341.

第三章　甘蔗栽培中施肥问题的研究

随着现代化农业的发展，我国甘蔗产业在取得巨大成就的同时也面临着巨大的压力（张璐，2017）。当前社会蔗农老龄化严重、劳动负荷过大、农资价飞涨、人工费用不断提高等诸多因素，造成了我国蔗农劳动力的短缺、植蔗生产成本大幅上涨和生产效益降低的局面，给蔗糖产业带来了巨大挑战（董学成 等，2012）。目前，广西白糖平均含税成本为每吨5 700~5 800元，远高于巴西、泰国、澳洲和印度等国家，不具备国际市场竞争力。因此降低制糖成本是目前我国亟待解决的问题，对于促进我国甘蔗生产的持续发展和提高我国糖业产业国际竞争能力都具有重要的现实作用。

从目前看，能够降低我国甘蔗生产成本的关键是要提高生产率，而推进生产全程机械化恰恰可以通过规模经营达到这一目标，实现劳动替代、降低日益增长的劳动成本（张桃林，2016）。但由于自然条件、经营模式、农艺技术和经济水平等因素的制约，我国要实现甘蔗生产全程机械化还有相当长的一段路要走（王晓鸣，莫建霖，2012）。

当前，我国甘蔗除了机械化程度和产业化规模比较低外，也存在较多问题，特别是在化肥的利用方面，当前蔗区普遍存在着许多不合理的施肥现象（李兰涛，郭荣发，2007；张树清，2006；郑超 等，2004）。例如，偏施重施氮肥、长期大量施用过磷酸钙，不重视氮、磷、钾的合理配施；过分依赖化肥，忽略了有机肥的重要性。这些现象不仅大大降低了蔗地肥料的利用率，增加了甘蔗的生产成本，同时也会对严重甘蔗的产量和品质产生不小的影响。所以，如何经济、合理地施用肥料，以便充分发挥其增产效能，降低生产成本，对提高甘蔗的品质和产量都具有十分重要的意义（陈伟绩，2007）。

第一节　甘蔗营养需求和施肥

一、甘蔗的营养生理特点

甘蔗生育期较长，一般为10~12个月（易芬远 等，2014）。其生长量巨大，一生中所需的矿质营养元素较多。必需的营养元素有碳、氢、氧、氮、磷、钾、钙、镁、硅、铜、铁、硫、锰、锌、硼、钼、氯等，各营养元素缺一不可，亦不能相互代替

（李荣昌，1992）。土壤中最难满足甘蔗生长要求的是氮、磷、钾、钙，它们属于主要营养元素。

甘蔗是生物产量较高，对肥料需求量较大的经济作物之一。早期研究表明：每生产1 000 kg 蔗茎，需吸收氮（N）1.5～2.0 kg、磷（P_2O_5）1.0～1.5 kg、钾（K_2O）2.0～2.5 kg（邓绍同，1991）。目前甘蔗生产中存在施肥盲目施氮肥，忽视磷、钾肥的现象，导致氮肥严重浪费，磷肥和钾肥得不到合理补偿（樊仙 等，2015）。

甘蔗的一生可分为萌芽、成苗、分蘖、茎伸长及工艺成熟 5 个时期。幼苗阶段生长缓慢，需肥急切但吸收量少，施肥占全期的 1%左右，对氮的需求稍多，磷、钾次之；分蘖期需肥量逐渐增大，对三要素的吸收量占 8%～10%，其中钾的吸收量显著增加；进入伸长期吸收量大增，占全期的 50%以上，吸收氮量占吸收量的 50%～60%，磷和钾各占 70%；转入成熟期后需肥量则明显下降，占 20%～40%，吸收氮占 30%～40%，磷和钾各占 20%左右（丰硕，2001）。

钾是甘蔗生长中需求量较大的一种元素（Tan et al.，2005）。增施钾肥能促进甘蔗高产高糖，提高甘蔗对氮、磷的吸收利用率，促进氮、磷、钾在甘蔗体内的合理分配，为甘蔗高产打下良好的基础（黄莹 等，2013）。我国南方土壤普遍缺钾（谢建昌，2000），研究表明（谭宏伟 等，2011），植株含钾量幼苗期较高，成熟期较低；增施钾肥后甘蔗吸钾量明显增加，新植蔗、宿根蔗对钾肥的利用率分别为 34.3%～40.6%、29.4%～31.7%。

二、甘蔗对氮素养分的吸收

甘蔗生产中，施肥的目的在于培养和提高蔗作土的土壤肥力，满足甘蔗生长的营养需要，使甘蔗能正常生长发育，从而获得优质、高产的原料蔗（李恒锐，2015）。氮素是甘蔗生长发育所必需的主要营养元素，氮肥的应用对甘蔗有明显的增产效应（廖明坛，陈克文，1995）。由于土壤满足不了甘蔗生长所需的全部氮素，生产上常常要用施肥手段来补充（梁计南 等，2000）。甘蔗生长期间所需的氮 72.72%～82.73%来自土壤等方面，17.27%～27.28%来自肥料，增施氮肥可提高肥料对甘蔗生长所需氮素的贡献率（谢如林 等，2010）。研究表明，甘蔗干物质积累总量及各器官积累量均随施氮水平的提高而增加（韦剑锋 等，2013）。氮肥早施可以促进甘蔗早拔节、早生长和提高甘蔗产量。早施氮肥有利于促进土壤磷酸盐的溶解，提高磷的吸收利用（谢金兰 等，2013）。

甘蔗对氮素的需求，受品种特性及生态环境的影响。适量地施用氮肥能够提高甘蔗的产量和改善甘蔗的品质；而过量地施用氮肥不仅增产不明显，甚至导致甘蔗的品质下降（韦剑锋 等 2011；黄玉溢 等，2003）。研究发现，对桂中蔗区甘蔗（新台糖 22 号）施氮（尿素）750 kg/hm²，既能确保甘蔗高产，又能保证肥料资源得到高效利用，是一个比较合理的施氮水平（曾维宾 等，2012）。研究表明，在桂南（南宁）蔗区以 600 kg/hm² 的尿素施用量对甘蔗（新台糖 22 号）增产效果较好（谢金兰 等，2012）。研究发现，在土层瘠薄、保水保肥能力差的旱坡地或海拔相对较高、气候较为寒冷的蔗区，追施氮肥（尿素）对桂辐 98—296 的增产效果显著，并产生了较好的经济效益，其中以 150～300 kg/hm² 处理增产效果最佳，增加的经济效益最多（梁阗 等，2015）。

第二节　我国多年的传统耕作方式存在的问题

甘蔗是我国最重要的糖料作物之一，甘蔗生产对缓解我国目前食糖需求的矛盾有着重要意义。但是，随着种植年限的增加，土壤肥力逐年下降，导致甘蔗产量下降。施肥作为甘蔗生产管理的重要环节，对甘蔗进行合理的施肥并使用机械将肥料深施，不仅可以提高甘蔗产量、含糖量，提高肥料利用率，还可改善蔗田养分状况，提高土壤肥力（柳玉香，2014）。

早期，我国学者就已经注意到蔗田土壤地力衰退的问题。在中国，甘蔗几乎都是采用单一的甘蔗连作制，对土壤地力削减较大，又因为蔗农在甘蔗施肥上普遍少施或不施有机肥，导致土壤养分比例失调、板结、盐碱化，加上连作比较普遍，出现了跑水跑肥、土壤肥力下降的严重现象。鲁如坤（1989）很早就开始对中国土壤养分状况进行研究；江永，黄忠兴（2001）研究表明，中国土壤养分的变幅较大，甘蔗主要产区土壤的有机质含量不高，全氮含量偏低，缺磷贫钾。长期以来，甘蔗施肥主要依靠生产经验，缺乏蔗区土壤养分的测定研究分析作为理论指导，甘蔗产区普遍存在重施氮肥、磷肥施用较少的现状，甘蔗是一种生长周期长且生物量大的作物，每年都会从土壤中吸收带走大量的养分，导致土壤养分下降而影响甘蔗产量和品质。

甘蔗在生长发育及连作的过程中，势必会引起土壤肥力发生一系列的变化，而土壤养分作为土壤肥力的重要指标，其含量的高低对甘蔗的生长起到至关重要的作用。氮、磷、钾是作物必需的大量营养元素。在甘蔗生长前期氮元素对甘蔗出芽率、分蘖、茎伸长等都有一定的促进作用，并使甘蔗汁液丰富，单茎增重，能提高甘蔗的单位面积产量（朱兴明，1996）；施用磷肥，特别是在缺磷的土壤上施用磷肥，会刺激甘蔗根系的生长和分蘖，可以促进原料甘蔗的良好生长，从而提高甘蔗的产量和质量。磷参与糖的合成、运输、贮藏，何国亚（1989）研究得出，当甘蔗植株内磷水平在正常值时，44%的光合产物可以从功能叶片运送到生长点和嫩叶，而当蔗株体内磷元素亏缺时，只有17%的光合产物从功能叶运送出去，从而导致甘蔗的含糖量下降。正常水平的钾元素能够保证光合作用顺利进行，促进蔗株内碳水化合物的代谢和糖分的运输贮存，并且能提高甘蔗茎内部转化酶活性，提高糖分（何国亚，1989）。氮、磷、钾3种元素对甘蔗的产量和含糖量都有显著的影响，三者合理的配比能提高甘蔗产量、含糖量和经济效益（沈有信，邓纯章，1998）。

随着甘蔗种植年限的增加，蔗田土壤的地力衰退是显而易见的，导致其衰退的原因可概括为土壤肥力的下降和甘蔗施肥的不合理。如何改善蔗田土壤理化性质，减缓土壤养分的损耗和提高蔗田土壤的长期生产力，倍受甘蔗产业学者的关注。科学合理地施肥以及使用机械化耕作可以改善蔗田土壤的营养状况和提高甘蔗产量，是预防地力衰退和提高蔗田土壤生产力的有效措施，可缓解我国对甘蔗的供需矛盾。

由于我国多年的传统耕作方式对土壤形成了严重的破坏，以及目前农业可持续发展的迫切要求，因此深施肥技术在我国农业耕作中应运而生，并且对实现我国农业的可持续发展、提高农业产量、改善土壤环境等尤为重要。

甘蔗机械种植能降低劳动成本、提高蔗地经济效益，是甘蔗生产节本增效的重要途径之一，是实现甘蔗生产全程机械化的重要环节，推广应用该项技术的必要性已日趋凸显。此外，科学施肥也是农业生产一项重要的增产措施，是获得农业高产、优质、高效的重要条件。应用高效、长效肥料，可大大降低甘蔗生产劳动力强度与成本，是目前提高甘蔗生产效益的有效手段之一。

目前，甘蔗生产过程中农民使用肥料种类过于单一，氮、磷、钾比例不协调，施肥量不合理，成为制约和阻碍甘蔗生产发展的重要因素之一。此外，由于机种甘蔗的栽培条件与人工种植甘蔗不同，其生长特性也与人工种甘蔗存在较大差异（如萌芽率较低、萌芽期较长、植株生长整齐度较差等），更加凸显了机种甘蔗配套施肥技术研究的重要性和必要性。开展甘蔗机械化种植条件下的肥料种类和施肥量的对比试验相关研究，探讨其对甘蔗农艺性状、生理生化性状、产量品质及经济效益的影响，为指导甘蔗机械化种植条件下的科学施肥提供理论依据，对完善甘蔗机械化栽培的农艺配套集成技术是非常必要的，对加速甘蔗生产全程机械化技术的推广应用，实现甘蔗高产高糖高效益生产，促进我国蔗糖业的可持续发展具有重要意义。

第三节　甘蔗深施肥对甘蔗生长效应的影响

目前，如何有效地引导农民科学施肥、提高地力是农业生产中急需解决的问题。由于我国多年的传统耕作方式对土壤形成了严重的破坏，蔗区因长期连作而造成蔗地"疲劳"、肥力下降的现象十分突出，严重地制约了甘蔗单产的提高。在种植面积大、轮作困难的条件下，研究蔗地合理施肥技术，以减少地力损耗，提高蔗地肥力水平，对提高甘蔗单产，促进甘蔗蔗糖生产可持续发展具有重要意义。肥料深施可以提升化肥的利用率，使甘蔗产量质量提高，这有助于实现农民增收增产。

为了探讨甘蔗深施肥对甘蔗生长效应的影响，在大田生产条件下，开展了连作蔗田不同施肥技术对甘蔗生长效应的研究。

一、材料与方法

1. 试验材料

供试甘蔗品种为园林 6 号。供试肥料鱼粉有机–无机复混肥，有机质含量≥15%，N、P、K 有效养分含量≥20%。

2. 试验地概况

试验在广西大学农学院农科教学试验基地进行。试验地为已连作甘蔗 10 年以上的旱地，沙壤土，前作为甘蔗。土壤养分含量为：速效氮 66.58 mg/kg，速效磷 118.61 mg/kg，速效钾 123.49 mg/kg，有机质 2.03%。土壤 pH 值 5.45。

3. 试验方案及田间设计

本研究为单因素试验，在每亩施鱼粉有机—无机复混肥 100 kg 的施肥水平下，设置 5 种施肥技术水平，试验方案见表 3-1。试验采用随机区组设计，小区行长为 6 m，行距为 1 m，4 行区，小区面积为 24 m²。重复 3 次。试验地总面积为 538 m²。

表 3-1 试验方案

处理号	处理
A	不施基肥，攻苗肥 50%（占总施肥量的百分数，下同），攻茎肥 50%
B	基肥 50%，攻苗肥 30%，攻茎肥 20%
C	全部肥料作为基肥，于犁耙后均匀施于表土层，然后全层深翻约 10 cm，再开种植沟。不施追肥
D	全部肥料作为基肥，于播种前在植沟内深施 30 cm，覆土约 5 cm 后摆种。不施追肥
E	全部肥料作为基肥，于播种前在两植沟之间先开沟施肥，再开种植沟下种。不施追肥

4. 甘蔗种植及田间管理

试验地种植前经两犁两耙。蔗种砍成双芽段，先用 2% 石灰浸种 24 h，后用 70% 托布津配成 0.1% 的药液浸种消毒 10 min。2005 年 3 月 20 日播种，下种量为 6 000 芽/亩。5 月 15 日进行小培土，7 月 3 日大培土。攻苗肥和攻茎肥分别结合小培土和大培土时施用。7 月上旬至 8 月上旬干旱无雨，于 8 月 9 日抽水灌溉；9 月 16 日遭受台风暴雨，部分甘蔗倒伏，后于翌日扶起。其他田间管理按大田生产管理方法进行。2006 年 2 月 28 日砍收甘蔗。试验严格执行唯一差异的试验原则，各处理间除了试验方案的施肥差异外，其他田间管理措施相同。试验除施用鱼粉有机-无机复混肥外，不再施用其他肥料。

5. 测定项目及方法

（1）农艺性状调查

按《中国甘蔗品种志》对甘蔗品种农艺性状所定义的方法，调查萌芽率、分蘖率、伸长速度、株高、茎径和有效茎数等主要农艺性状。叶面积指数的测定采用长宽系数法，计算公式为：叶面积 = 0.75×长×宽。

（2）硝酸还原酶和酸性转化酶活性的测定

参照广西大学农学院《植物生理学实验指导》的方法测定。

（3）经济性状调查

于甘蔗收获时计数各小区的有效茎数，并在每个小区的中间 2 行连续齐泥砍下 10 株有效株，调查其平均株高及上、中、下部茎径。同时，按照原料蔗收购标准砍收各小区甘蔗，先连续称取中间 2 行 50 条有效茎的重量，计算实际平均单茎重，然后称取各小区的全部实际产量，并依此折算亩产量。

(4) 甘蔗品质分析

按照《甘蔗制糖工业分析》的方法进行。

二、结果与分析

1. 农艺性状分析

各处理萌芽率、分蘖率、伸长速度、叶面积指数等主要农艺性状的表现见表 3-2。

萌芽率和分蘖率的高低决定着甘蔗群体的大小,是获取单位面积有效茎数的基础。由表 3-2 可见,各处理萌芽率由高至低依次为 B>C>E>D>A,B 处理的萌芽率高达 67.86%,分别比 C、E、D、A 处理提高 7.15%(绝对值,下同)、9.94%、14.94%、18.46%,A 处理的萌芽率最低。各处理的分蘖率差异较显著,D 处理表现出最高的分蘖率水平,与 A、C、E 处理的差异达到 32.40%~32.61%;其次是 B 处理,分蘖率比 A、C、E 处理高 20.88%~21.09%;A、C、E 处理间的分蘖率相若,差异不明显。表明 B 处理对甘蔗萌芽和分蘖均有良好的促进效应;虽然 D 处理的发芽率较低,但其较高的分蘖能力能弥补萌芽能力的不足,而保证群体有足够的苗数。从总体上看,本试验的萌芽率和分蘖率都不很高,这可能与萌芽期和分蘖期雨水较多,蔗田渍水造成土壤通气不良所致。

表 3-2 各处理的主要农艺性状表现

处理号	萌芽率(%)	分蘖率(%)	伸长速度(cm/d)	叶面积指数
A	49.40	22.01	2.62	5.47
B	67.86	43.10	2.48	5.79
C	60.71	22.22	2.43	5.74
D	52.92	54.62	2.66	5.80
E	57.74	22.01	2.67	5.67

各处理在伸长盛期(7 月 10 日—9 月 22 日)的平均伸长速度,A、D、E 处理间和 B、C 处理间的表现基本相同,且 A、D、E 处理明显大于 B、C 处理。

各处理在伸长盛期(8 月 30 日)的叶面积指数高低排序为 D>B>C>E>A,D、B 处理以较高的萌芽率和分蘖率形成较大的甘蔗群体,从而获得较大的叶面积指数。D 处理与 B 处理之间的差异并不明显。

2. 各处理+1 叶片硝酸还原酶活性的变化

硝酸还原酶是植物氮代谢中一个重要的调节酶和限速酶,与植物的耐肥性、氮素营养状况及一些产量性状等有密切关系。图 3-1 是伸长盛期内硝酸还原酶活性的测定结果。由图 3-1 可知,各处理间硝酸还原酶活性的差异较大,总的趋势是施用追肥的 A、B 处理明显高于不施追肥的 C、D、E 处理。在不施用追肥的 3 个处理中,又以 D 处理的酶活性最高。表明追肥的施用有利于提高硝酸还原酶活性,促进植物体内的氮代谢作用。D 处理的活性较高,可能与大培土时将植沟间的基肥翻培至植株基部、起到与追肥相似的作用有关。

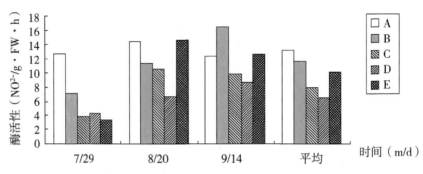

图 3-1　各处理+1 叶片硝酸还原酶活性

水分是影响硝酸还原酶活性的重要因子之一。由于 7 月连续高温干旱，从而使 7 月 29 日的硝酸还原酶活性普遍呈现较低水平。但此时 A 处理仍表现出较高的活性，表明硝酸还原酶活性与土壤养分尤其是氮素营养供应密切相关。

3. 各处理+1 叶片酸性转化酶活性变化

酸性转化酶是甘蔗碳素同化过程中的一个关键性酶。酸性转化酶的底物是蔗糖，它的活性与甘蔗生长呈正相关。由图 3-2 可见，7 月 9 日各处理酶活性均较高，最高的 B 处理达到 102.02 μgG/g·FW·h，最低的 E 处理为 90.2 μgG/g·FW·h；8 月 10 日各处理酶活性均大幅下降，但 D 处理下降幅度较小，成为这一时期酶活性最高者；9 月 23 日各处理酶活性均不同程度上升，增幅较大的是 B 处理；10 月 15 日酸性转化酶活性最低的是 A 处理 20.61 μgG/g·FW·h，最高的是 B 处理 54.89 μgG/g·FW·h。8 月 10 日酶活性降低可能是由于连续干旱和高温所致。

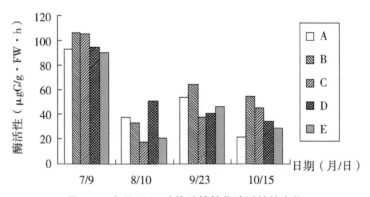

图 3-2　各处理+1 叶片酸性转化酶活性的变化

4. 各处理产量性状比较分析

收获时调查各处理的产量性状，结果见表 3-3。D 处理以最大的茎粗和较大的茎长而获得最大的单茎重；C 处理的茎粗与 D 处理相若，但其茎长明显小于 D 处理，因此单茎重与 B 处理并列位居第二；A 处理由于前期营养供应不足，导致前期生长不良而使平均茎径明显小于各处理，因而单茎重最小。每亩的有效茎数以 D 处理最多，达 3 567 条/亩，其次为 E、B、C 处理。A 处理的有效茎数最少，仅有 3 178 条/亩，与其较低的萌芽率和分蘖率有关。

表 3-3 各处理的产量性状调查结果

处理号	茎长（cm）	茎径（cm）	单茎重（kg）	有效茎数（条/亩）
A	322.9	2.70	1.79	3 178
B	317.9	2.76	1.93	3 295
C	314.4	2.80	1.93	3 236
D	321.1	2.81	2.01	3 567
E	323.4	2.77	1.90	3 353

5. 各处理的甘蔗品质比较

收获时取样分析各处理的甘蔗品质，结果见表 3-4。各处理的甘蔗蔗糖分高低排序为 D>A>E>B>C。D 处理的甘蔗蔗糖分达到 16.19%，比 A、B、C 和 E 处理分别提高 0.57%（绝对值，下同）、0.24%、0.79%、0.30%。表明 D 处理的施肥技术较有利于甘蔗蔗糖分的积累。各处理的蔗汁重力纯度以 E 处理最高达到 95.44%，显著地高于其余处理。但除 E 处理外，各处理间的差异不明显。综合各项品质指标的表现，以 D 处理的甘蔗品质最优，其次是 E 处理和 A 处理。

表 3-4 各处理的甘蔗品质测定结果

处理号	甘蔗（%）			蔗汁（%）		
	蔗糖分	纤维分	锤度	蔗糖分	重力纯度	还原糖分
A	15.97	12.13	18.22	19.39	88.65	0.16
B	15.64	11.18	18.12	18.80	88.90	0.22
C	15.40	11.87	17.79	18.63	87.76	0.24
D	16.19	10.98	18.24	18.74	89.18	0.24
E	15.70	12.13	16.82	19.30	95.44	0.22

从表 3-5 可见，每亩蔗茎产量最高的是 D 处理，比 A、B、C 和 E 处理分别增产 26.07%、12.78%、14.81% 和 12.55%，最低的是 A 处理。产量差异显著性测验结果，D 处理与 A 处理间亩蔗茎产量达到 5% 的显著水平，其余处理间产量差异不显著。

表 3-5　各处理的蔗茎产量和含糖量

处理号	蔗茎产量			含糖量		
	kg/亩	差异显著性	（SSR 测验）	kg/亩	差异显著性	（SSR 测验）
A	7 170.53	a	A	1 160.91	a	A
B	6 370.69	ab	A	1 000.20	b	AB
C	6 358.41	ab	A	994.46	b	AB
D	6 245.54	ab	A	961.82	b	AB
E	5 687.81	b	A	908.35	b	B

各处理每亩含糖量的高低变化趋势与蔗茎产量的结果一致，含糖量最高的是 D 处理，达到 1 160.91 kg/亩；含糖量最低的是 A 处理，仅为 908.35 kg/亩。各处理亩含糖量高低排序为 D>C>E>B>A。其中 D、E、B、C 处理分别比 A 处理增长 27.80%、10.11%、9.48%、5.89%，D 处理与 A 处理的差异达到 1% 的极显著水平，与 B、C、E 处理差异达到 5% 的显著水平，其余各处理间的差异不显著。

三、讨论与小结

在本试验条件下，5 种施肥技术处理中以 D 处理（肥料深施）的综合性状最优，对甘蔗产量和含糖量的增产效应最显著。D 处理（肥料深施）的萌芽率、分蘖率、蔗茎伸长速度、叶面积指数、茎长、茎径、单茎重、甘蔗蔗糖分等均明显地优于其他 4 个处理，最终使蔗茎产量和含糖量达到较高水平。因此，肥料深施对甘蔗的生长更有力，肥料利用率更高。

参考文献

陈伟绩，2007. 有机-无机复混肥对甘蔗生长和土壤养分的效应研究 [D]. 福州：福建农林大学.

邓绍同，1991. 现代甘蔗生产与科技 [M]. 广州：广东科技出版社. 229.

董学成，陶鑫，华荣江，2012. 甘蔗生产全程机械化技术 [J]. 农业工程，2 (5)：11-13.

樊仙，张跃彬，郭兆建，等，2015. 不同施肥量对甘蔗产量的效应研究 [J]. 中国糖料，37 (5)：22-23，27.

丰硕，2001. 甘蔗的营养特点与施肥技术 [J]. 农村经济与科技，12 (2)：15.

何国亚，1989. 甘蔗钾素营养生理 [J]. 四川甘蔗 (2)：30-31.

何国亚，1989. 甘蔗磷素营养生理 [J]. 四川甘蔗 (1)：34-36.

黄绍富，黄杰基，2006. 蔗区土壤肥力现状与甘蔗测土配方施肥 [J]. 广西蔗糖 (4)：10-12，17.

黄莹，曾巧英，敖俊华，等，2013. 钾水平对甘蔗氮、磷、钾养分吸收利用的影响 [J]. 广东农业科学，40（10）：51-53，61.

黄玉溢，谭宏伟，周柳强，等，2003. 几种长效氮肥对甘蔗的效应 [J]. 广西农学报（增刊1）：76-78.

江永，黄忠兴，2001. 我国蔗区土壤主要养分的分析研究 [J]. 甘蔗糖业，1（5）：5-10.

李恒锐，2015. 不同氮磷钾用量对甘蔗产质量的影响 [J]. 中国糖料，37（2）：26-28.

李兰涛，郭荣发，2007. 我国甘蔗施肥技术现状与对策 [J]. 江西农业学报，19（2）：19-20，24.

李荣昌，1992. 甘蔗的营养生理及相应的农业措施 [J]. 广西热作科技（2）：45-47，25.

梁昌贵，刘逊忠，黎彩凤，2011. 测土配方施肥对甘蔗产量与糖分的影响 [J]. 中国糖料（3）：30-32.

梁计南，谭中文，陈真元，等，2000. 甘蔗不同施氮方法与产量及糖分的关系 [J]. 甘蔗，7（4）：1-10.

梁阗，李毅杰，游建华，等，2015. 不同施氮量对甘蔗新品种桂辐98-296生长的影响 [J]. 热带农业科学，35（8）：1-5.

廖明坛，陈克文，1995. 供N水平对甘蔗生长和产量的影响 [J]. 福建农业大学学报，24（2）：195-200.

柳玉香，2014. 不同施肥处理对甘蔗生长情况及土壤变化的影响 [D]. 福州：福建农林大学.

鲁如坤，1989. 我国土壤氮、磷、钾的基本状况 [J]. 土壤学报（3）：280-286.

沈有信，邓纯章，1998. 氮磷钾肥对甘蔗产量和含糖量的影响 [J]. 云南农业大学学报，13（2）：214-218.

谭宏伟，周柳强，谢如林，等，2011. 不同施肥条件下甘蔗对钾的吸收利用研究 [J]. 南方农业学报，42（3）：295-298.

王晓鸥，莫建霖，2012. 甘蔗生产机械化现状及相关问题的思考 [J]. 农机化研究，34（10）：6-11.

王学超，2005. 浅析甘蔗收获机械推广应用存在的问题与对策 [J]. 广西农业机械化（6）：13-15.

韦剑锋，梁启新，陈超君，等，2011. 施氮量对甘蔗氮素吸收与利用的影响 [J]. 广东农业科学，38（19）：66-68.

韦剑锋，韦冬萍，陈超君，等，2012. 施氮水平对甘蔗氮素吸收与利用的影响 [J]. 核农学报，26（3）：609-614.

韦剑锋，韦冬萍，陈超君，等，2013. 不同氮水平对甘蔗氮素利用及土壤氮素残留的影响 [J]. 土壤通报，44（1）：168-172.

谢建昌，2000. 钾与中国农业 [M]. 南京：河海大学出版社.

谢金兰，陈引芝，朱秋珍，等，2012. 氮肥施用量与施用方法对甘蔗生长的影响

[J]. 中国农学通报, 28 (31): 237-242.

谢金兰, 王维赞, 朱秋珍, 等, 2013. 氮肥施用方式对甘蔗产量及土壤养分变化的影响 [J]. 南方农业学报, 44 (4): 607-610.

谢如林, 谭宏伟, 黄美福, 等, 2010. 高产甘蔗的植物营养特征研究 [J]. 西南农业学报, 23 (3): 828-831.

易芬远, 赖开平, 叶一强, 等, 2014. 甘蔗的营养生理与肥料施用研究现状 [J]. 化工技术与开发, 43 (2): 25-28, 31.

曾维宾, 刘永贤, 梁鸿宁, 2012. 桂中蔗区不同施氮水平对甘蔗生长与产量的影响 [J]. 广东农业科学, 39 (5): 62-64.

张璐, 2017. 肥料种类和施肥量对机种甘蔗的生长效应研究 [D]. 南宁: 广西大学.

张树清, 2006. 中国农业肥料利用现状、问题及对策 [J]. 中国农业信息 (7): 11-14.

郑超, 廖宗文, 刘可星, 等, 2004. 试论肥料对农业与环境的影响 [J]. 生态环境学报, 13 (1): 132-134, 150.

朱兴明, 1996. 新编常用化肥手册 [M]. 成都: 四川科学出版社. 251-256.

CHAPMAN L S, HAYSOM M B C, CHARDON C W, 1981. Checking the fertility of Queensland's sugar land. Proceedings of Australian Sotciety of Sugar Cane Technologists: 325-332.

TAN H W, ZHOU L Q, XIE R L, et al, 2005. Better sugarcan production for acidic red soils [J]. Better Crops with Plant Food, 89 (3): 24-26.

第四章　甘蔗深施肥相关配套技术与设备

第一节　甘蔗地深松整地技术

一、概　述

甘蔗地深松整地技术是指通过使用大中型拖拉机配套牵引深松机及旋耕机（或圆盘耙）等机具组合，对甘蔗地土壤实施深松、碎土和平整，以打破犁底层为目的，在不打乱原有土层结构的情况下松动土壤的一种机械化整地作业技术（黄林，2019）。应用这种技术对于改善土壤耕层结构，打破犁底层，提高土壤蓄水保墒能力，促进甘蔗增产具有重要的作用。

甘蔗种植的耕层条件要求可归纳为"深、松、碎、平、肥"（张华 等，2013）。深厚的耕层有利于保墒（陈永光 等，2010），有益甘蔗扎根抗倒伏和宿根蔗的萌芽。疏松的耕层有利于土壤通气，促进肥效的释放，还有利于改善土壤保温性能（王鉴明，1985），机械深松后初期可增温1℃左右，以后逐渐减少，增温时间可持续70~80 d。耕层土壤细碎，紧实度减少，孔隙度增大，同样有利于保护种茎。根毛与土壤充分接触，可促进对水分、养分的吸收，如图4-1所示；促进养分合理转化，为甘蔗提供了良好的生长条件（郑超 等，2004）。

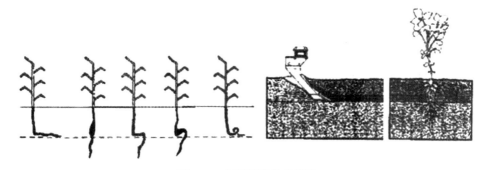

图4-1　土壤深松技术效果

甘蔗地深松作业以穿透犁底层为原则，作业间隔年限、作业方法和深度视地形地貌、土层结构、土壤特征、气候条件和前作情况而定。缓坡上部、土层浅薄、有机质缺乏、砂质地不宜频繁深松，可适当减少作业深度，避免横向、纵向交叉、密集深松，避免在雨季前进行深松。地势平缓、土层深厚的抛荒地、土壤黏性较大、低洼地宜适当增加作业深度，可进行横向、纵向交叉深松。大多数机械化蔗园可采用标定功率为73.5 kW以上的拖拉机进行耕深45 cm以上的深松作业，新植甘蔗前深松可轮次间隔采用单向深松和横向、纵向交叉深松的方式进行（李明，2016）。

一般情况下，适宜进行深松作业的蔗地主要有：土壤质地主要为黏质土和壤土，含水率一般为12%~22%；长期采用旋耕、翻耕作业方式而使地块产生犁底层；土壤耕层0~25 cm的容重，壤土>1.5 g/cm³、黏土>1.6g/cm³的，影响作物生长；秸秆粉碎质量符合 DB 13/T 1045—2009《机械化秸秆粉碎还田技术规程》标准的。不适宜进行深松作业的蔗地主要有：沙土、中重黏土；土壤绝对含水率<12%或>22%的；土层厚度20 cm 以下为沙质土的地块；深松作业深度内有树根、建筑垃圾等坚硬杂物的地块。

深松作业模式主要有：深松机深松+旋耕（或耙耕）作业，使用拖拉机配套深松机和旋耕机或圆盘耙等机具，对土壤分别进行一横一纵2遍的深松和一横一纵的旋耕（或耙耕）碎土、平整作业；浅翻深松机深松+旋耕（或耙耕）作业，使用拖拉机配套浅翻深松机和旋耕机或圆盘耙等机具，对土壤分别进行一横或一纵（1遍）的浅翻深松和一横一纵的旋耕（或耙耕）碎土、平整作业；自走式粉垄深耕深松机深松作业，使用自走式粉垄深耕深松机，对土壤进行一次性完成深松和碎土、平整作业。

深松机具从类型上分为单机和联合作业机，从作业方式上分为全方位深松机和间隔深松机，按结构可分为凿式深松机、翼铲式深松机、振动式深松机等。深松深度达到40 cm 以上，能增加土壤孔隙度，在沟底形成暗沟，可以极大地提高甘蔗根系土壤养分输送、保水、保墒及排涝能力，增产效果明显。

对工作阻力较小的甘蔗地，应选择间隔深松机，主要利用带有较强入土性能的铲柄和铲尖深入土壤，使得土壤被抬起、放下而松动，同时穿破犁底层。为扩大土层的深松范围，可在深松铲上安装双翼铲。间隔深松后形成虚实并存的耕层结构，虚部能保墒蓄水，实部能提墒供水。对要求松土范围大、碎土效果好的甘蔗地，应选择全方位深松机。这类机具多采用"V"形铲刀部件，耕作时从土层的底部切离出梯形截面的土垡条，并使其抬升、后移、下落，使得土垡条得以松碎。针对我国南方蔗区土壤及甘蔗种植农艺，现有甘蔗地深松模式主要采用的间隔深松作业方式，机具类型可根据拖拉机配套动力及土壤特性选择单机或联合作业机，深松犁的结构形式采用凿式深松机为主。

二、单项深松作业模式

（一）机具机构

进行单项作业的深松机一般采用拖拉机后标准三点悬挂式，机具示意图如图4-2所示。机具如图4-3所示。

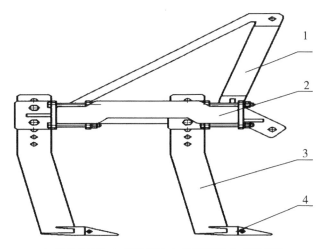

1. 三点悬挂架　2. 深松机架　3. 深松犁柱　4. 深松犁头

图4-2　单项深松作业机具结构示意

图4-3　单项深松作业机

（二）深松机松土原理

松土原理：根据麦克基斯试验提出的简单楔对土壤的松碎模型（鲁力群，2004），如图4-4所示。

深松犁的松土过程：与简单楔子极其相近。土壤被楔面（深松犁）向前上方挤压、推动的同时，又被推挤向两侧移动，于是不断地产生剪切裂纹与松碎（韦丽娇 等，2013）。松碎作用可以简化认为：楔面前方土壤保持不变宽度 b，由下往上沿土壤的断裂面扩展至地表 dd'；两侧土壤则呈扇形，沿断裂面扩展至地表 odc 及 $o'd'c'$。被松碎土壤的断面则呈梯形 $cc'mm$。于是由图4-4可得其纵向松土范围 L 为：

$$L = a(\text{ctg}\alpha + \text{ctg}\psi)$$

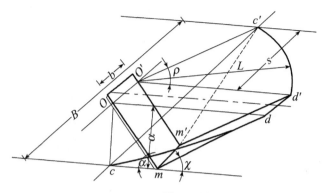

图 4-4　土壤松土模型

式中：a—松土深度（cm）；α—深松犁入土角（°）；ψ—土壤断裂面的倾角（°），其大小与 a、α 和土壤的物理性状等因素有关。

其横向松土范围 B 为：

$$B = b + 2S$$

$$S = L\sin\rho$$

式中：S—犁侧影响范围（cm）；ρ—扇形松土范围的最大扩展角（°）。

由此可知，在具体土壤条件下，影响松土范围的主要因素是松土深度 a 和入土角 α。犁前与犁侧影响范围均随 a 与 α 的增加而增大。据试验，当松土深度 a 超过有效松土深度后，松碎效果将明显下降；入土角 α 过大将使牵引阻力急剧增加。所以 a 和 α 都不可过大。

（三）关键部件深松犁的结构设计

深松犁是深松机构的工作部件，由犁头和犁柄两部分组成。因其常在坚硬土壤中工作，故设计的深松犁应具有较强的土壤松碎能力，还要有足够的强度、刚度和耐磨性能。

深松犁头：为了适应种床深松和深施肥的要求，该深松犁采用了应用广泛的凿形犁头，其碎土性能好，工作阻力小，结构简单，强度高，制作方便。共设计了 5 个深松犁，按两边 14 cm 外，再平均分布，其平均隔距约 53 cm。

深松犁柄：深松犁柄的结构如图 4-5 所示。为保证有良好的入土性能，又不致使牵引力过大，依据上面对深松犁入土的受力分析，参考深松机并经试验入土角 α 为 23°。犁柄入土的前边弧形段设计成尖棱形，夹角 60°，有碎土和减少阻力的作用；犁尖处设计有 2 个 $\phi11$ 通孔，用螺栓来固定犁头；犁柄的直立部分设计有 4 个 $\phi22$ 通孔，作为与深松支架相连使用，同时可调节深松深度。犁柄采用约 4 cm 钢板制作，宽度约 14 cm（国内外一般采用 21 cm、宽度约 8 cm）制作，经不同地区适应性试验效果好。

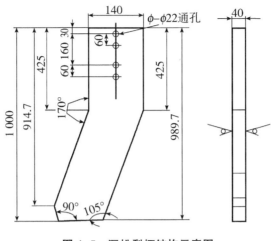

图 4-5 深松犁柄结构示意图

（四）技术的创造性与先进性

1）深松犁与机架连接通过螺栓连接方法，深松犁左右上下可拆可调，可任意调整工作深度、幅宽等。此外，深松犁可在机架上布置成"V""一"字等，提高了机具作业的效率及适应性。

2）创新选择采用 30CrMnTi 耐磨材料制造的通用深松齿，提高可靠性，也方便拆卸。

（五）深松机的使用调整

正确调整和使用深松机是获得高质量作业的前提。

1）纵向调整：使用时，将深松机的悬挂装置与拖拉机的上下拉杆相连接，通过调整拖拉机的上拉杆（中央拉杆长度）和悬挂板孔位，使得深松机在入土时有 3°~5°的入土倾角，到达预定耕深后应使深松机前后保持水平，保持松土深度一致。

2）深度调整：大多数深松机使用限深轮来控制作业深度，极少部分小型深松机用拖拉机后悬挂系统控制深度。用限深轮调整机具作业深度时，拧动法兰螺钉，以改变限深轮距深松铲尖部的相对高度，距离越大深度越深。调整时要注意两侧限深轮的高度一致，否则会造成松土深度不一致，影响深松效果，调整好后注意拧紧螺栓。

3）横向调整：调整拖拉机后悬挂左右拉杆，使深松机左右两侧处于同一水平高度，调整好后锁紧左右拉杆，这样才能保证深松机工作时左右入土一致，左右工作深度一致。

4）作业幅宽调整：由于深松机出厂厂家及型号各不同，其深松铲的作业覆盖宽度也不相同。平衡移动深松铲与机架相连接的连接卡子，使各深松铲之间的间距相同，调整好深松机工作部件作业覆盖宽度能达到作业总宽度要求后，拧紧卡子上的螺钉固定深松铲。

（六）深松机的操作规程

1）设备必须有专人负责维护使用，熟悉机器的性能，了解机器的结构及各个操作点的调整方法和使用。

2）工作前，必须检查各部位的连接螺栓，不得有松动现象；检查各部位润滑脂，不够应及时添加；检查易损件的磨损情况。

3）正式作业前要进行深松试作业，调整好深松的深度；检查机车、机具各部件工作情况及作业质量，发现问题及时调整解决，直到符合作业要求。

4）深松作业中，要使深松间隔距离保持一致，作业应保持匀速直线行驶。

5）作业时应保证不重松、不漏松、不拖堆。

6）作业时应随时检查作业情况，发现机具有堵塞应及时清理。

7）机器在作业过程中如出现异常响声，应及时停止作业，待查明原因解决后再继续进行作业。

8）机器在工作时，如遇到坚硬和阻力激增时，应及时停止作业，排除状况后再作业。

9）机器入土与出土时应缓慢进行，不可强行作业，以免损害机器。

10）设备作业一段时间后，应进行一次全面检查，发现故障及时修理。

（七）深松机作业故障排除

1. 松深不够

检查方法：在深松机组作业中或深松地作业结束后，选择具有代表性的地段，垂直犁耕方向，将整个耕幅的松土层挖出剖面 5~6 处，分别测量松土深度，求其平均值，即为实际深松深度。

产生原因：松土部件和升降装置技术状态不良；松土装置安装不正确或调节不当；土层过于坚硬，松土铲刃口秃钝或挂结杂草，不易入土；土壤阻力过大，拉不动；拖拉机超负荷作业，有意将松土部件调浅。

解决方法：一是在深层松土作业前，应深入田间进行调查研究，用铁锹挖土壤剖面，观察和分析土壤耕层的状态和测定犁底层，然后确定适宜的松土深度；二是认真检修松土装置，正确安装松土铲，使其在控制升降的情况下松土铲的入土角均不改变。起犁时松土铲铲尖应高于大犁铧的支持面，落犁时大犁铧应先接触地面，以免松土铲的铲尖受冲击而折断；三是为了保持松土铲入土能力及其在垂直面上的稳定性，应使松土铲的支持面对土地的水平面稍有倾斜，松土铲的铲尖低于翼部 8~10 mm。铲尖磨损时，应取其大值，使倾斜角大些；四是作业中，应经常检查和磨锐松土铲刃口，使其锋锐易入土，减轻阻力。当发现松土铲挂草和黏土过多时，应立即清除；五是根据深层松土的阻力，正确编组机引犁的铧数，切实掌握松土深度，不能因拖拉机功率小而减少松土深度。

2. 松深不均

深松机机组在整个地块作业中，地中、地头、地边和地角的深度不一致，有深有浅，从而影响深层松土的质量。

检查方法：在机组作业中或整个地块结束后，按对角线的方法选择具有代表性的6~9个点，以较平坦的地段作为测点，沿耕幅方向剖开土壤断面至松土最大深度，观察和测量最深、最浅和平均的松土深度。

产生原因：机组作业人员对地头、地边、地角的深层松土的意义认识不足，个别松土部件变形或安装不标准，松土铲铲尖倾斜，入土角度过大；深松机架和松土装置升降机构变形或牵引架垂直调整不当；深松部件的深浅和水平调整不当。

解决方法：一是作业前，必须认真检修好深松机架、深松部件及升降机构，确保技术状态良好，在安装松土装置时，应考虑到各杆件连接点的游动间隙。松土铲末端在铲尖以上的总高度不得超过 15 mm，铲底要平整；二是正确调整深松机的垂直牵引中心线，使前后机架和松土铲保持平行作业，防止松土铲的入土深度不均；三是根据土质、地形及时调整机具的深浅和水平调节舵轮。做到各松土铲入土深度一致和地头、地边、地角和地中一样。

3. 土层搅乱

在犁耕作业的同时进行深层松土的犁铧和松土铲或无壁犁的松土部件，将上层和下层的土壤搅动混乱，使表土和心土掺和在一起，使未经过风化的心土翻搅到上层过多，影响作物的生长。

检查方法：在已深松过的土地上，选择具有代表性的地段作为测点，沿其耕幅方向将上层剖开，仔细观察并测量松土层与耕翻层中上层表土与下层心土掺和的程度。

产生的原因：松土铲入土倾角过大或犁铧安装过近；犁铧翻土性能差或松土铲柄上挂结杂草；根据农艺标准，秋季深松作业时土壤含水量应为 15%~22%，如土壤干涸就会造成上翻土层和下松土层土块过大；犁铧或松土铲堵塞后未及时清理。

解决方法：除保证犁铧和松土铲技术状态良好外，还应做到以下几点。一是作业前要正确安装松土铲，使铲尖与犁铧尖之间的距离不得小于 500 mm。否则松土铲掘松的心土会触及前面犁铧，搅乱上下层土壤，容易产生倾角过大；二是在土壤干涸的田块内，不应采用无壁犁进行深松土作业；三是在深松作业中，当发现犁铧、松土铲和铲柄挂结杂草时，应立即停车清理。

4. 土隙过大

用无壁犁进行深松作业时，其深松层内的土块较多，互不衔接，空隙较大。在作物播种前如不采取增加压实土壤的措施，可因土壤漏风而不利于种子的发芽和作物的生长。

检查方法：根据深松耕层内土壤空隙的大小程度，可在已深松和未深松的地块中进行剖面取样，并分别用测定土壤容重的方法进行对比衡量。

产生原因：无壁犁体扭曲变形；无壁犁挂结不正，机组斜行；无壁犁体挂草或黏土，造成向前、向上和向两侧拥土；土壤板结或土壤中水分过少或犁底层过厚；机组作业速度过快，使掘松开的土块移动过大。

解决方法：一是根据农艺标准深松作业时土壤含水量应为 15%~25%。切忌用无壁犁深松土壤干涸或过湿的土地,以免在耕层内结成较大和较多的土块,给整地作业造成困难;二是检修好无壁犁体,确保技术状态良好,正确调整无壁犁的水平牵引中心线,勿使犁架斜行;三是驾驶员要精力集中,保持作业机组正直运行,速度不宜过快;四是作业中,如发现无壁犁体上挂结残株杂草和泥土时,应立即清除。

5. 漏 松

在深层松土的作业中,由于某些原因而造成不同形式和不同程度的漏松,使深松作业质量下降,在一个地块内会影响农作物均齐的生长,造成了粮食的减产。

检查方法:在深松作业过程中或整个地块作业结束后,采用挖土壤剖面的检查方法,观察并统计底层心土或犁底层的漏松情况和漏松程度。

产生原因:机组人员对地头、地角、地边进行全面深松的意义认识不足;深松部件安装不正确;犁的水平牵引中心线调整不当,斜行作业;驾驶员操作技术水平低,机组左右划龙。

解决方法:除机组作业人员端正工作态度和提高操作水平外,还应做到以下几点。一是正确安装深松部件;二是正确调整犁的水平牵引中心线;三是为保证耕作层内全面深松,减少牵引阻力,松土铲一般的宽度为主犁铧幅宽的4/5,松土铲的中心线应位于大犁铧中心线的右侧3~4 cm,这样既能避免松土铲升起时与犁床相碰,又可使尾轮行走在未疏松过的沟底上。

(八) 深松机质量检测技术

1. 技术操作过程

1) 确定3个检测点。选点应避开地头地边,距地头≥10 m、地边≥2 m;每2个检测点之间应沿作业行方向间隔10 m以上,3个检测点要选在不同的作业幅内。

2) 深度测定。在各检测点上用钢板直尺测量同一工作幅宽内的暗土厚度与浮土高度,测量精度精确到0.5 cm。计算每个检测点上的深松深度:$D=T-H$;计算深松深度平均值,深松深度平均值即为深松深度。

深松深度(D):深松沟底距该点作业前地表面的垂直距离(也可以理解为深松沟底到未耕地面的距离)。

暗土厚度(T):土壤耕作层上表面距深松沟底的垂直距离。

浮土高度(H):土壤耕作层上表面距未耕地表面的垂直距离。

3) 行距测定:行距测定分为幅内行距测定与邻接行距的测定。①幅内行距的测定:测量深松机械上2个相邻深松铲对称中心线之间的距离,幅内行距个数为深松铲个数减去1;②邻接行距的测定:分别测量深松机上最外侧2个深松铲到旋耕刀外沿的距离,以测量值的2倍评价邻接行距值。

2. 深松质量判定标准

深松质量判定标准如下:一是深松深度和深松行距有一项指标达不到规定值,最终判定深松作业质量不合格；二是幅内行距和邻接行距有一个值达不到规定时，判定为行距不合格。

3. 智能化深松检测技术

结合"互联网+"技术，机具配备上信息化监控终端系统，坐在办公室，打开计算机，输入机具编码，所在作业位置、作业面积、深松效果等信息一目了然，显示界面如图4-6所示；拖拉机手也可通过显示装置随时观看深松深度、作业面积。同时还支持深松作业数据统计分析、图形化显示、作业机具管理、作业视频监控等功能，可替代目前人工现场多点挖穴、丈量、现场记录数据等深松普查方法，不仅提高了实施深松补贴的验收效率、降低了验收成本，还使得检测更科学和精准。

图4-6　深松机监控终端界面

三、联合深松作业模式

(一) 深松、旋耕联合作业原理

单项深松作业后上层土块较小，下层土块大并在横向及深度方向形成多道裂纹，耕层较深；单项旋耕作业土壤细碎，上下均匀，耕层较浅；深松、旋耕组合作业土壤耕层结构是单项作业的叠加，能够形成上虚（土壤细碎）下实（大块土壤）的耕层结构，这一结构为后续施肥播种作业创造了良好的土壤环境。上层土壤较虚，有利于种床的准备（鲁力群，2004）。因为深松作业能够打破多年翻耕形成的犁底层，调节土壤三相比，减轻土壤侵蚀，提高土壤蓄水抗旱的能力，所以下层土壤又有利于作物根系的生长。深松、旋耕及深松旋耕联合作业对土壤的加工状态如图4-7、图4-8、图4-9所示。

(二) 联合作业功率消耗

单项深松作业机就其动力消耗而言是一种纯牵引性机具，动力消耗可用下式表示。

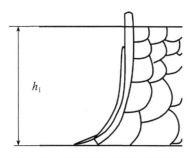

图 4-7 深松对土壤的加工状态

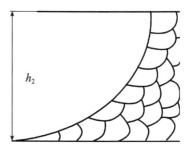

图 4-8 旋耕对土壤的加工状态

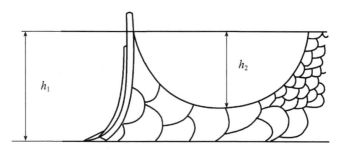

图 4-9 深松、旋耕组合对土壤的加工状态

$$N_1 = F \times \frac{V}{3.6}$$

式中：N_1—功率消耗，kW；F—牵引力，kN；V—机组前进速度，km/h。

单项旋耕作业动力消耗主要是扭矩消耗，可用下式表示。

$$N_2 = \pi \cdot n \cdot \frac{M}{30}$$

式中：N_2—功率消耗，kW；M—扭矩，kN·m；n—转速，r/min。

由上两式可以看出，功率消耗（N_1）随着牵引力（F）、速度（V）的增加而增加，而旋耕机的功率消耗是随着扭矩和转速的增加而增加，扭矩主要由耕幅、前进速度、土壤状况、耕深等因素决定。深松、旋耕单项作业时总功率消耗为 N_1+N_2，深松、旋耕组合在同一机具时，功率消耗却小于 N_1+N_2。这是因为前面进行深松使土壤松动，从而降低了后续旋耕作业的阻力。旋耕时作业是通过旋耕刀的回转来切削土壤，这就相当于一个驱动轮在工作反过来又增加了深松的牵引力。所以在一个机具上同时配置这 2 种工作部件，能充分发挥拖拉机的功率。

（三）1GS-230 深松旋耕联合作业机结构

针对我国南方甘蔗区土壤条件，已研制的 1GS-230 深松旋耕联合作业机由传动总成、上悬挂架组合、旋耕工作装置总成、中间齿轮总成、深松犁、机架焊合，左、右侧板、犁刀轴总成和罩壳、拖板等组成。三点后悬挂，配套动力 100～140 轮式拖拉机（韦丽娇 等，

2013），结构示意如图4-10所示，机具结构及作业效果，如图4-11、图4-12所示。

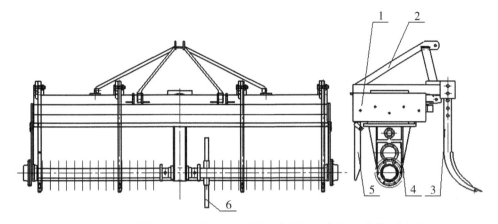

1. 侧板 2. 悬挂架 3. 深松犁总成 4. 中间齿轮总成 5. 拖板 6. 旋耕工作部件

图4-10 深松旋耕联合作业机结构示意图

图4-11 深松旋耕联合作业机

图4-12 深松旋耕联合作业机作业效果

其中深松装置主要由深松犁、深松犁固接器等组成。深松犁犁尖与深松犁采用可拆卸连接，犁尖磨损后可更换。深松装置拆卸后可作为旋耕机使用。整地旋耕装置主要由传动箱、旋耕装置、机罩拖板等组成。作业时依靠万向节传动轴、全齿轮传动箱传递来的动力，带动安装于旋耕刀轴上的左右弯刀旋转切土、甩土，并由机罩拖板等配合完成碎土和地表平整。深松旋耕联合作业机可以一次进地，完成土壤深松及表层旋耕整地作业。作业时，凿式深松犁进行间隔深松。表层土壤由旋耕工作装置进行松土、碎土和平整地表。通过选择深松犁在梁架上不同安装高度和拖拉机液压系统控制，可获得不同作业深度。

（四）深松旋耕联合作业机关机部件——机架的设计

在旋耕机框架式机架上加高加长深松器连接部件。机具在工作时，深松部件深松过的地方，由于甘蔗地里的杂草、甘蔗叶及甘蔗头等的影响，土壤会拥高、堵塞到机具的机架。通过深松犁连接梁与机架前梁提高了 12 cm，深松犁前移约 20 cm，让甘蔗叶、甘蔗头、杂草、地膜等可以有空间和方便进入旋耕机粉碎，从而有效地减少了甘蔗叶、甘蔗头、杂草及土壤堵塞的现象，改进后的结构如图 4-13 所示。

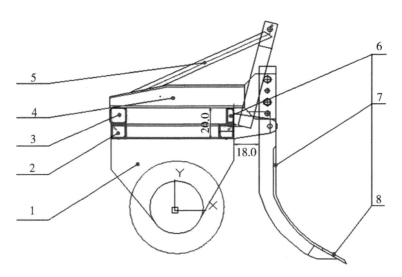

1. 侧板 2. 下后梁 3. 上后梁 4. 深松犁安装板 5. 三点悬挂架 6. 三点下悬挂梁 7. 深松犁柱 8. 深松犁尖

图 4-13　改进后的机架

改进深松部件安装方式。在深松器连接部件前端开 4 个螺栓孔，通过安装防冲击螺栓；工作时，若碰到硬物时，防冲击螺栓被剪断，使深松器不至于严重损坏，同时也保护机具和拖拉机的传动机构。

（五）旋耕部件的设计

按照国内外已有的旋耕机结构与参数，设计的旋耕工作刀辊转速为 250 r/min。旋耕刀片采用了应用比较广泛的弯形刀片，考虑到机械化旱作及保护性耕作尽量少动土的要求，选用了 IT 245 型标准弯刀，见图 4-14。其目的是，通过降低刀的回转半径提高刀的转速降低功率消耗，增加切削次数，提高碎土效果。

图 4-14　IT 245 型标准弯刀

（六）效益分析

目前，甘蔗地一般采用三铧犁配合旋耕机进行整地作业，一般耕深 30 cm 左右，农场作业收费 35 元/亩，旋耕机作业收费 20 元/亩。合计 55 元/亩，折合 825 元/hm²。

1SG-230 深松旋耕联合作业机耕整地，每天作业 6 h，作业小时生产率为 0.6 hm²/h，每天可整地面积 3.6 hm²，单位面积燃油消耗量 26 kg/hm²，柴油 8.0 元/kg，则燃油费用约 749 元/天。每天人工费用：100 元，2 项综合的直接作业成本约 849 元/天，即 235 元/hm²。

每台设备 12 000 元，100 型拖拉机 16 万元，使用年限 5 年，设备年折旧费用 3.44 万元，年工作时间 100 天，每天折旧费用是 344 元，每天管理和维修费按折旧费用 10% 计 34 元计，合计总费用 378 元，每天整地面积 3.6 hm²，则折旧和维修等费用约为 105 元/hm²。

总计联合机作业成本是 340 元/hm²，约为采用三铧犁配合旋耕机进行整地作业的 41%，每公顷节省作业开支 485 元，年作业面积 360hm²，则每台设备与传统铧和旋耕相比，年节省作业成本开支约 17.5 万元。也就是购置设备（包括型拖拉机）一年即可收回投资。

由此看出，采用深松旋耕联合作业机进行作业具有较高的经济效益、生态效益和社会效益。

（七）深松旋耕机安全使用注意事项

1）深松旋耕机使用前，应检查深松旋耕机螺栓紧固情况、齿轮油油面高度、万向节和刀轴磨损情况、油封密封情况和刀齿缺损情况，及时加油润滑等维护更换，保持技术状态完好。

2）作业时，须先平稳结合动力输出轴，待刀轴转速达到正常，一边前进，一边使刀片逐步入土达到所需要的耕深。严禁刀片先触地后接合动力输出轴或急剧下降耕地，以免损坏机件。在地头转弯和倒车时，须提起深松旋耕机。提升时，可不切断动力，但应减小油门，降低万向节轴转速；深松旋耕机提升高度应保持万向节轴倾斜度不得超过 30°。深松旋耕机后面和深松旋耕机上不准站人、坐人或放置重物。转移田块时必须切断动力。工作时发现异常杂声或金属敲击声应停车检查，排除故障后方可继续作业。

3）深松旋耕机每工作 8~10 h，应停车检查刀片是否松动变形。

4）排除故障或清除刀轴上缠草和泥土时，必须停车熄火，并支撑稳妥。

5）深松旋耕机远距离运输时，应拆除万向节。

（八）操作手和机具要求

1. 人员配备

深松旋耕联合作业应配备操作人员 1~2 名。操作人员必须经过技术培训，应了解掌握机械深松的技术标准、操作规范以及机具的工作原理、调整使用方法和一般故障排除等，并具有相应的驾驶证、操作证。

2. 机具选择

深松旋耕联合作业机功率消耗应低于配套拖拉机的输出功率，作业幅宽应能覆盖配套拖拉机的左右轮辙，三点悬挂配套后对拖拉机前后轮受力状况无大的影响。拖拉机的技术状态应良好，液压机构应灵活可靠。联合作业机转动部分应有安全护罩，而且安全护罩要结实，外壳上有安全警示标识，要配有内容齐全、正确明了的使用说明书。

（九）作业前技术准备

1）检查机具状态：检查紧固所有螺栓、螺母，操纵机构是否灵活、可靠，并按技术要求进行注油保养；旋耕刀磨损严重时，应及时更换；机架无变形、弯曲；所有螺栓、螺母紧固，限深轮、镇压轮、操纵机构灵活、可靠。

2）机具挂接与调整：按照使用说明书要求对机具进行挂接；将机具降至工作状态，进行前后和左右水平的调整；根据农艺要求确定作业深度，按产品使用说明书进行调整。

3）作业行程计划：作业前应根据地块形状规划出作业小区和转弯地带，保证作业时行车方便，空行程最短。

4）地块状况检查：查看待作业农田秸秆处理是否符合要求（玉米秸秆粉碎长度不大于 10 cm，留茬高度不大于 10 cm，玉米根茬地上部分基本被打碎），不符合技术要求应及时进行处理；查看土壤墒情和土壤性质是否符合作业要求，不符合应暂缓作业；根据机具性能和土壤情况，确定深松作业速度和深度。

（十）技术操作及注意事项

1. 技术操作

1）启动发动机，升起机具，挂上工作挡，在地头落下机具，把拖拉机的液压手柄放在"浮动"位置，接合动力输出轴动力，挂上工作挡，要柔和地松放离合器踏板，结合动力，使深松铲逐渐入土直至正常耕深。到达地头时，要在行进中逐渐将整机升起，同时在深松铲出土后才能切断动力输出轴的动力输出。

2）正式作业前要进行深松试作业，调整好深松的深度；检查机车、机具各部件工作情况及作业质量，发现问题及时解决，直到符合作业要求。

3）作业中应保持匀速直线行驶，旋耕和深松深度均匀；深松间距一致，保证不重松、不漏松、不拖堆。

4）作业时应随时检查作业情况，发现铲柄前有浮草堵塞应及时停车清除，作业中不容许有堵塞物架起机架现象；深松铲尖和旋耕刀严重磨损，影响机具入土深度时，应及时更换。

5）每个班次作业后，应对深松机械进行保养；清除机具上的泥土和杂草，检查各连接件紧固情况，向各润滑点加注润滑油，并向万向节处加注黄油。

2. 注意事项

1）在地头转弯与倒车时必须提升机具，使铲尖离开地面，未提升机具前不得转弯。

2）倒车时应注意地表设施（如电信线路警示桩、电杆拉线、农田灌溉出水口等）。不可使铲尖或铲柱部分在土壤内强行转弯，掉头后要把拖拉机对正作业前进方向才可以降落深松机前进。

3）作业时深松机上严禁坐人。

4）深松作业中，若发现机车负荷突然增大，应立即停车，找出原因，及时排除故障。

5）运输或转移地块时必须将机具升起到安全运输状态。

6）机组穿越村庄时须减速慢行，注意观察周围情况。

7）机具不能在悬空状态下进行维修和调整，维修和调整时机具必须落地或加以可靠的支撑，拖拉机必须熄火。

8）严禁先入土再结合动力输出轴，严禁深松铲入土作业时转弯、倒车，否则有可能导致机具的损坏。

（十一）深松旋耕联合作业机作业质量标准

1. 机械化旋耕部分

旋耕作业后，表面耕作层应达到以下质量标准：旋耕深度为 10~15 cm；旋耕层深度合格率≥85%；碎土率：壤土应≥60%，黏土应≥50%；耕后地表植被残留量≤200.0 g/m²；耕后地表平整度≤5 cm；耕后沟底不平度≤2.5 cm；作业后田角余量较少，田间无漏耕和明显壤土现象。

2. 机械化深松部分

作业质量要求：深松作业深度≥25 cm，间隔深松行距≤70 cm，犁底层破碎效果较好。要求耕深一致、行距一致，深松旋耕联合作业还要求地面平整、土壤细碎、没有漏耕，达到待播状态。

第二节　宿根甘蔗机械化管理技术

一、概　述

宿根蔗在甘蔗生产中占有举足轻重的地位，宿根蔗占种蔗面积40%~50%（伍宏，冯奕玺，2005）。生产实践证明，旱地宿根蔗亩产可超6~8 t，生产潜力很大。只要加强科学管理，增加投入，提高宿根蔗单产是可行的。

甘蔗是典型的宿根性作物。当地上部砍收后由于除去了顶端优势，减少了从上而下的生长激素对侧芽的抑制作用，埋在土中蔗茎基部的蔗芽，就能在适当水、气、热条件下萌发出土长成新株。前造蔗收获后，老根系还能够继续生长出许多新的，上面密布根毛具有吸收作用的幼根。此种吸收作用可维持2~3个月以上，其中深根群维持吸收机能的时间会更长。同时宿根蔗的新株根会发生很早。一般在蔗芽开始萌动后出土前即已长成粗壮的新株根。

甘蔗在秋冬季节收获后，一般很容易受到霜冻、干旱等灾害影响，因此，在甘蔗收获后，要提早对宿根甘蔗的抗冻抗旱的工作（韦丽娇 等，2017），现有做法有：地膜覆盖、甘蔗叶（粉碎）覆盖与施肥（撒石灰）相结合；针对甘蔗地虫害及草害严重，甘蔗叶进行焚烧后机械化平茬、破垄、施肥和覆膜（覃双眉 等，2015；广西农业厅糖料作物处，2007；韦代荣，2013；刘连军 等，2013；王贵华，2005）。

二、宿根蔗的地膜覆盖栽培技术要点

1. 选留宿根蔗地

宿根蔗的产量与土地肥力及上季甘蔗生长状况关系极大，因此，在甘蔗收获前选留好宿根蔗地很重要。留宿根蔗地的条件是：鼠害、虫害较少，尤其是棉蚜虫较少；蔗株分布均匀，缺株断垄不多，亩有效茎3 000株以上；甘蔗生长正常。

2. 掌握盖膜重点

冬季砍蔗一般不留宿根，但冬季盖膜增产效果好，这样与盖膜栽培不配套。因此，盖膜的重点，一是冬季早收获留下的早熟品种宿根；二是春季砍收留下的宿根性差的品种。秋、冬笋多的不需要盖膜栽培。

3. 注意砍收质量

收蔗时最好用小锄低砍入土3~4 cm平砍，使地下留宿根蔗头长15 cm，并做到没有蔗头和冬笋露出地面，以免穿破地膜。

4. 及时开畦松蔸

盖地膜的宿根蔗，破畦松蔸时间以早为好，一般收获后15天以内处理并盖膜完毕。

处理方法参照宿根蔗栽培部分,有条件的喷除草剂。

5. 盖　膜

地膜的质量与厚度同新植蔗,宽度为 50~55 cm。趁土壤湿润时或等雨后盖膜。盖膜时将蔗头全部覆盖,膜两边离蔗头基部 10 cm 左右,四周用细土压实密封,注意不要让蔗头碰破地膜。

6. 适时揭膜

盖膜时间早,发株出苗快而多。一般 3 月上中旬揭膜,相反可迟一些。揭膜时尽量将地膜收拾干净,以利回收加工利用(王贵华,1999)。

7. 田间管理

1)注意检查:发现地膜被风吹或人畜碰破,要及时用泥土压紧封密。

2)揭膜:如果全部或大部分蔗苗已经穿出膜外,揭膜可以迟些,即分蘖开始时揭膜。如许多蔗苗不能穿出膜外,当日平均气温稳定上升到 20℃,膜内温度超过 40℃时,即可揭膜,以免烧伤蔗苗。桂南一般 3 月下旬至 4 月上旬揭膜,桂中、桂北可推迟 15~20 天。过早揭膜会降低盖膜的增产效果。

3)中耕追肥:揭膜后要及时中耕追肥,防治螟虫为害,促进甘蔗生长。

三、甘蔗叶(粉碎)覆盖与施肥(撒石灰)相结合技术

(一)具体实施方式

由于甘蔗常年连作、大量施用化肥、焚烧蔗叶等造成甘蔗地:一是土壤有机质含量下降;二是土壤 pH 值逐年降低,最低甚至达到 4.0 以下;三是土壤板结,土壤通透性差。因此,实施甘蔗叶(粉碎)覆盖与施肥(撒石灰)相结合技术是近年来蔗农特别是一些大型农场推行的措施(刘建荣 等,2014)。具体做法是:实施甘蔗叶粉碎还田后,对宿根甘蔗破垄施肥(图 4-15)及撒石灰(图 4-16)。

图 4-15　蔗叶粉碎还田地破垄施肥

图 4-16 蔗叶粉碎还田地撒施石灰粉防虫害

（二）实施蔗叶还田与机施石灰措施需注意的问题

1. 同一块甘蔗地是否每年均实施机施石灰措施

同一块甘蔗地连续两年实施机施石灰，每亩施 100 kg，第三年再检测其土壤 pH 值与养分的变化，视变化状况后再决定是否继续实施机施石灰。

2. 实施蔗叶还田与甘蔗种争夺土壤水分问题

1—2 月实施蔗叶还田作业时，可能由于土壤不够湿润，造成蔗叶反吸收甘蔗种的水分，一定程度上影响蔗种的出芽率。因此，如果土壤水分含量达不到 40%，则要淋水或实施节水滴灌淋水，有条件的可淋乙醇废液，加快蔗叶软化腐烂，增强土壤保水性，确保土壤湿度。

3. 蔗叶还田后影响土地耕作问题

蔗叶还田后有时会造成甘蔗地机耕蔗叶成堆和堵犁现象，在甘蔗叶粉碎时，粉碎还田机要紧压地面进行粉碎，行进速度稍慢，尽可能使蔗叶充分粉碎。

四、机械化宿根甘蔗平切破垄施肥覆土盖膜技术

开展这方面的技术除了针对甘蔗地虫害及草害严重的甘蔗地，最主要原因：一是从我国现有宿根甘蔗综合机械化管理机具的功能和作用入手，减轻劳动强度及提高作业效率；二是根据防止病虫害及霜冻，达到保水抗旱和提高产量的需求；三是结合我国中小型拖拉机发展的势头而进行的（陆绍德，2005；陈建国，2002；彭志强，2013）。

（一）机械化宿根甘蔗管理联合作业机基本结构

宿根甘蔗管理联合作业机由机架、圆盘平切机构、限位地轮、变速箱系统、旋耕破

垄机构、开沟覆土犁装置、施肥装置、覆膜机构等组成。其中圆盘平切机构、限位地轮、变速箱系统、旋耕破垄机构、开沟培土犁装置、施肥装置、覆膜机构作为工作部件，变速箱系统作为整个机具传统装置，机架作为辅助装置。宿根甘蔗管理联合作业机结构示意图如图4-17所示。

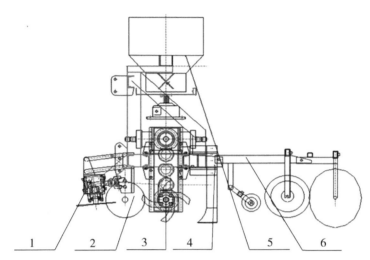

1. 圆盘平切机构 2. 限位轮系统 3. 旋耕破垄机构 4. 开沟覆土犁装置
5. 施肥装置 6. 覆膜机构

图4-17 宿根甘蔗管理联合作业机结构示意图

（1）圆盘平切机构

圆盘平切机构由传动箱、传动轴和平切刀盘总成构成，传动箱输出轴由传动轴输出动力至平切刀盘总成，最后由平切刀盘完成单行甘蔗头平切任务。

（2）旋耕破垄机构

旋松宿根甘蔗行间两旁土壤，破除甘蔗垄，平整地块。此机左右对称，受力平衡，工作可靠。

（3）覆膜机构

该部件涵盖放膜、张膜、压膜、覆土功能，在开沟部件开沟基础上一次性完成甘蔗宿根覆膜任务，达到蓄水、保墒、保肥、增温功效，改善土壤环境，为后续甘蔗发芽生长保驾护航。提高了地温、增加湿度，同时保持了土壤湿度的相对稳定，减少了悬殊的干湿交替以及干旱对根系生长的不利影响。

（4）施肥装置

通过施肥装置将施肥料箱里的肥料施与开沟覆土犁所开沟底，施肥量可通过调节装置调节。

（5）机 架

采用重型槽钢合焊而成，关键部位采用加强筋加固，主减速箱端正坐于框架中心，这种坐凳式的安装形式，大大提高了机架的刚性和强度，提高机架的可靠性。

（6）主减速箱总成

齿轮箱是整台设备的核心部位，其可靠性尤为重要。箱体采用铸钢材料 ZG45，壁厚达到 18~20 mm，不易开裂、变形计折断，强度和韧性都要比灰铁箱好得多，使箱体质量得到绝对保证，可承受任何冲击负荷（箱体或用焊接件，清楚焊渣后进行完全退火处理，消除应力，防止变形）。箱内灌注齿轮油以供润滑齿轮、轴承，箱体上盖装有加油螺塞，下方设有放油螺塞。齿轮采用合金结构钢 20CrMnTi，经渗碳淬火，强度好、硬度高、耐冲击，韧性好。齿轮与轴采用花键连接，确保传动的可靠性。

（7）传动系统中多采用链条（16A/B）传动

采用通用标准件，性能可靠，价格便宜，易于维护。

（8）开沟覆土部件

采用特种材料焊接而成，耐磨且光洁度高，不易沾土，开沟后肥料施与沟底，且此沟用于埋薄膜边缘。

（二）工作原理

宿根甘蔗管理联合作业机工作前，机具三点悬挂于拖拉机（30~50 马力）后面，被拖拉机提升到一定的高度并被牵引驶入需要宿根甘蔗头平切、施肥、覆膜等工序作业管理的甘蔗行间；拖拉机通过万向节连接轴传递动力给变速箱系统带动圆盘平切机构、旋耕破垄机构以及施肥装置等进行空转试机，待各个工作部件运行顺利，就可以放下机具进行宿根甘蔗的管理作业。随着拖拉机的前进，圆盘平切机构通过圆盘平切刀对宿根甘蔗头进行切头平切，经主变速箱传递过来的旋耕破垄部件分两边传动带动旋耕刀进行旋耕破垄，把杂草、泥土混合搅拌打烂；施肥装置通过蜗轮蜗杆变速器带动施肥转盘转动，并通过施肥刮板把肥料刮到下料斗、施肥管后落入由开沟培土犁装置的开沟犁开好的沟内，随后泥头自动回落把肥料盖住；最后，覆膜机构将地膜覆盖到已平切好的蔗头，镇压轮把铺好的地膜压住，滚动的圆盘耙地膜切压到已由旋耕机构疏松的土壤中，完成覆膜工序。

（三）宿根甘蔗管理联合作业机基本参数

宿根甘蔗管理联合作业机是根据我国宿根管理现状自行开发研制的，配套 30~50 马力轮式拖拉机，具有价格低、结构简单、传动可靠等特点。其主要技术参数如下。

配套动力：14.7~29.4 kW。

整机质量：380 kg。

旋耕刀辊转速：250 r/min。

旋耕刀辊回转半径：240 mm。

工作行数：1 行。

悬挂方式：三点后悬挂。

纯工作小时生产率：≥0.10 hm²/h。

旋耕深度：≥5 cm。

旋耕深度稳定性：≥85%。

施肥均匀度变异系数：≤10%。

施肥断条率：≤3%。

肥料覆盖率：≥85%。

地膜覆盖率：≥85%。

甘蔗头损伤率：≤10%。

单位面积耗油量：≤20 kg/hm²。

（四）与国内外同类技术比较

随着对宿根甘蔗管理意识不断增强，近年来我国宿根管理机具取得了一定进展。如国内研制的小型甘蔗破垄施肥机有手扶拖拉机提供动力完成破垄和施肥2个工序，但手扶拖拉机行走不平稳，机手作业相当辛苦。也有的改装旋耕机并加装施肥装置对宿根蔗进行管理，配套动力大，效率低，作业质量不可靠。近年研制的相关装备有：3PL-1犁和3PZ-1A平茬机，配套轮式拖拉机，可完成破垄翻耕、平茬等工序，但功能不全，不利推广。

国外，甘蔗栽培方式中古巴一般宿根4~5年，澳大利亚、美国等一般宿根2~3年。早在20世纪70年代，澳大利亚已研制成一种新型的宿根切削机，将宿根管理工序从五道减为两道，这种宿根切削机与国内现有的平茬机原理相似。近年来日本相续出现的宿根蔗整形机、宿根心土粉碎机、中耕机、宿根基肥施用机、防治宿根蔗土壤害虫专用机等机具，结构简单且功能单一。

2CLF-1型宿根蔗平茬破垄覆膜联合作业机（图4-18）是根据用户和市场需要而研制的，各相关部件综合了国内外已有技术和参数，经试验验证适用，能一次性完成平茬切头、除草、破垄、施肥、培土、覆膜等宿根甘蔗管理作业工序（图4-19、图4-20）。

图4-18　2CLF-1型宿根蔗平茬破垄覆膜联合作业机

结构比较：整机传动系统是机具的关键部位，设计的机具动力输入轴通过动力输出齿轮把动力传送到主轴，输入轴与主轴成90°方向，然后再由主轴传送到各个动力输出齿轮及链轮，完成平茬切头、除草、破垄、施肥、覆膜等工序。其中，拖拉机动力输入轴与切割器传动轴成95°夹角，提高了动力输入效率。管理机采用相对旋转双圆盘切割器，转速设计约为 550 r/min，转速过高机具危险系数高，过低蔗头损伤率高。旋耕破垄刀具左右对称布置，使得受力平衡。优化的覆膜器集放膜、张膜、压膜、覆土功能于一体。

性能比较：该机具配套 30~40 型轮式拖拉机，轮距小，较适应目前甘蔗种植行距（80~110 cm），且甘蔗头损伤率仅 1.8%，旋耕平均深度达到 10.6 cm，其稳定性系数达到 92.6%，大大高于一般施肥机行业标准要求（80%），能满足深施化肥和农艺的要求。

应用比较：国内外已有宿根蔗平茬破垄覆膜联合作业机相关文献和专利，但没有相关研究与设备的详细内容，以及中试和投入大量使用的报道等。

作为一种新兴的宿根甘蔗管理机具，该机不仅功能齐全，更重要的是性能可靠。

图 4-19　宿根蔗平茬破垄覆膜联合作业机作业效果

图 4-20　2CLF-1 型宿根蔗平茬破垄覆膜联合作业机作业后甘蔗生长情况（对照）

（五）安装说明

1）切割器牵引连接拖拉机三点悬挂的下悬挂点，机架连接三点悬挂上面的两个悬挂点，并插好开口销，防止销滑脱。

2）安装拖拉机后输出与主减速箱之间的传动轴，连接切割器传动箱与切割盘之间的两传动轴。

3）旋耕刀安装时，刀头向外，不损伤甘蔗宿根。

4）前面地轮决定旋耕和开沟深度，根据实际情况调节。

5）薄膜张紧橡胶轮和覆膜盘根据实际情况，调节至合适位置。

6）机具在使用中由于轴承齿轮的正常磨损，轴承间隙和齿轮啮合情况都会发生变化，因此，必须应加以调整。

（六）维护与保养

正确地进行维护和保养，是确保机具正常运转、提高功效、延长使用寿命的重要措施，在作业中要做到多观察、勤保养。

1）作业前应向在场人员发生启动信号，非工作人员应离开工作场地。机具工作前应进行试犁，调整好工作状态，正常工作时应匀速前进并定期检查翻耕深度，以保证翻耕后土壤的平整性，应定期检查肥料箱内的化肥情况，及时添加化肥。

2）在工作中随时观察机具各部位的运转情况、即时检查各部位的紧固情况、若有松动应即时紧固，避免发生故障和事故。观察圆盘切割刀工作情况，切割后的蔗头是否切割整齐、破裂严重，如有应及时调整或更换刀片；旋耕刀如果有缠草、雍土现象，应即时停机排除。

3）要即时对各润滑点进行注油，链轮及链条要加油润滑，避免磨损。

4）每季节作业结束后，应彻底清理污泥，紧固各部位的螺栓，更换磨损过重损坏的零部件，加注润滑油，对铧式犁刃口处涂油防锈；机具应放置在通风、干燥的库房内。

第三节　甘蔗叶机械化粉碎还田技术

一、概　述

甘蔗叶机械化粉碎还田技术是指用大中型拖拉机配套蔗叶粉碎还田机作业，将收获后地表的蔗叶粉碎、抛撒，随即耕翻入土（或留宿根蔗园中腐烂，起到保水、保肥等作用），使之腐烂分解为底肥的一项农机化技术（林红辉 等，2015）。甘蔗叶在腐解过程中，不断释放出氮、磷、钾和其他中、微量元素养分，供作物生长利用（葛畅 等，2016）。通过实施该技术可减少农田化肥的用量，缓解氮、磷、钾肥施用比例失调的矛盾，增加土壤有机质，改善土壤结构，增加作物产量，也可解决甘蔗叶焚烧带来的环境污染问题。

二、机具结构及原理

（一）机具结构及原理

1GYF 系列甘蔗叶粉碎还田机主要机型有：1GYF-150 型（图 4-21）、1GYF-200

型、1GYF-250型（图4-22）。其中，1GYF-150型甘蔗叶粉碎还田机结构（图4-23），主要由带传动系统、机架、前挡板、动刀、定刀、刀辊、后挡板、限位轮和集叶器等组成。其中，集叶器主要由斜杆和连接板等部件组成，通过三点悬挂结构挂接于拖拉机后，利用万向节连接动力输入轴（图4-24），经过变速箱加速将动力传递给粉碎机机身两侧的带传动机构，如图中对称分部在机架两侧的大带轮和小带轮。经过带传动机构加速，将动力传递给粉碎刀辊，刀辊以1 830 r/min的速度带动多组弯刀和直刀，集叶器将地表蔗叶集起喂入粉碎室，在刀辊上动刀和机架定刀的作用下将蔗叶撕裂、打碎，碎屑在离心力作用下抛撒覆盖于地表，完成甘蔗叶、秸秆的粉碎还田作业。

图4-21 1GYF-150型甘蔗叶粉碎还田机

图4-22 1GYF-250型甘蔗叶粉碎还田机

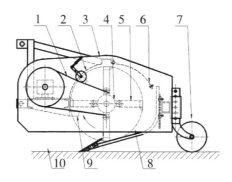

1. 带传动 2. 前挡板 3. 机架 4. 刀辊 5. 甩刀 6. 后挡板
7. 限位轮 8. 集叶器 9. 定刀 10. 地面

图 4-23　1GYF-150 型甘蔗叶粉碎还田机结构

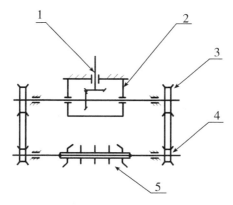

1. 动力输入轴 2. 变速箱 3. 大带轮 4. 小带轮 5. 粉碎刀辊

图 4-24　1GYF-150 型甘蔗叶粉碎还田机传动系统

（二）机具关键工作参数选择

1. 变速箱的设计

变速箱箱体和开式锥齿轮均为铸造件，农业机械铸造齿轮精度为 10 级，加工技术要求如表 4-1 所示，刀辊转速为 1 830 r/min。影响甘蔗叶粉碎还田机作业性能的主要因素有：刀辊的转速、甩刀类型、定刀排列和数量、机具前进速度、甩刀刀头距地沟间隙等，经田间试验与数据分析，刀辊转速为 1 830 r/min 时，机具作业质量最优，因此本章将这个转速作为已知条件。如表 4-2 所示，在发动机标定转速下动力输出功率≤60 kW 时，动力输出轴转速为 540 r/min。由此可知，变速箱为加速变速箱，参照机械设计手册参数制定如下，此处省略锥齿轮轴计算与校核，具体步骤详见《机械设计手册》（成大先，2008）。

表 4-1 变速箱加工工艺要求

部件名称	材料	参考标准	性能要求
变速箱箱体	QT400-17	GB/T 1348	
齿轮	20CrMnTi	GB/T 3077	①齿面渗碳处理，渗碳厚度为齿轮模数的 10%~15% ②齿面淬火热处理硬度为 58~64HRC，芯部硬度为 33~45HRC ③加工精度符合 GB/10095、GB/T 11365 要求
花键轴	45	GB/T 3077	①表面高频淬火处理后进行磨削加工 ②花键尺寸、公差和检验应符合 GB/T 1144 中的有关规定

表 4-2 动力输出轴形式特性

动力输出轴类型	公称直径（mm）	花键齿数与类型	动力输出轴标准转速（r/min）	发动机标定转速下推荐的动力输出轴功率（kW）
1	35	6 齿矩形花键	540	≤60
			1 000	≤92
	48	8 齿矩形花键	540 或 1 000	≤115
2	35	21 齿矩形花键	1 000	≤115
3	45	20 齿矩形花键	1 000	≤275

注：①发动机标定转速按照 GB/T 3871.3—2006《农业拖拉机 试验规程 第 3 部分：动力输出轴功率试验》或 OECD 规则 1 或规则 2 的规定确定；②本选择不适用于北美地区；③8 齿、φ48mm 矩形花键动力输出轴仅推荐在国内生产的拖拉机上使用。在图样和技术文件中标记为 φ48 型。

利用 Solid Edge ST4 对粉碎机整机建模，通过零件图装配，检验机构合理性，变速箱零件装配爆破图，如图 4-25 所示。

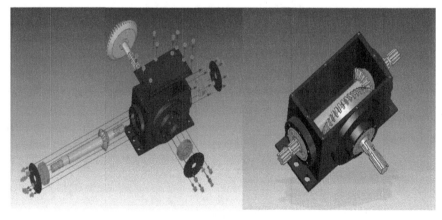

图 4-25 变速箱零件装配爆破图

$$I_{变速箱} = n_{主动}/n_{从动} = Z_{从动}/Z_{主动} = 0.4$$
$$I_{带传动} = n_{小带轮}/n_{大带轮} = D_{大带轮}/D_{小带轮} = 1.35$$
$$m = 5$$
$$Z_{主动} = 44 \quad Z_{从动} = 18$$

2. 双侧带传动的设计

1GYF-150甘蔗叶粉碎还田机，属于拖拉机牵引机械，工作动力由拖拉机后输出轴来提供。经过图4-23中所示1万向节联轴器，2变速箱传递到带轮。由公式：

$$P_{输出} = P_{输入} \cdot \vartheta_{总}$$
$$\vartheta_{总} = \vartheta_{万向节} \cdot \vartheta_{变数箱}$$

其中，拖拉机后输出轴动力由GB/T 3871.3—2006《农业拖拉机 试验规程 第3部分：动力输出轴功率试验》表查得，配套拖拉机后输出轴540 r/min系列，6齿矩形花键轴发动机标定转速下的动力输出功率（廖汉平，2010），根据《机械设计手册》常用机械传动方式传动效率表（成大先，2008）查得，变速箱中为农用机械铸造开式锥齿轮，齿轮精度为10级，传动比已知，传递效率，经计算，具体参数见表4-3。

表4-3 带传动机构参数（参照机械设计手册）

符号	数值	备注
K_A	1.2	工况系数
P_D	60	设计功率
i	1.35（1 830/1 350）	传动比
P_1	11.84	单根V带基本额定功率
$\triangle P_1$	0.87	额定功率增量
a	530	实际轴间距
α_1	169.73°	小带轮包角
K_α	0.98	小带轮包角修正系数
K_1	0.84	带长修正系数

工况系数K_A，条件：工作时间≤10，软启动，载荷变动较大。
设计功率P_D，公式：$P_D = K_A \cdot P_{输出}$。
带型：B，根据P_D和相应带轮转速查表确定。
单根V带额定功率：P_1由带轮直径和转速查表B型带获得，$P_1 = 11.84$ kW。
V带传动具有结构简单、性能稳定、噪声低、缓和载荷冲击、传递功率大、成本低、易安装的优点（张少军 等，2011）。国内现有类型的粉碎机，单侧传动皮带负载过大，导致使用寿命过短。

V带根数Z：
$$Z = \frac{P_D}{(P_1 + IP_1)K_\alpha K_1}$$

带入参数计算得$Z = 6.54$。
确定双侧带传动机构，每侧4根V带。

3. 刚体力学有限元分析

利用 Solid Edge ST4 对粉碎机各个零部件三维建模，在装配环境下添加约束，构建虚拟样机如图 4-26 所示，通过软件干涉检验功能审核粉碎机结构合理性。通过软件仿真模块对粉碎机主传动轴进行刚体力学的有限元分析，如图 4-27 所示。对带轮装配位置添加重力和皮带预紧力，变速箱轴承和机架轴承位置添加纵向主要承重力和次要径向力，划分网格经有限元分析，发现应力集中区域位于变速箱两侧轴承位置，按照图示应力屈服极限分析，虽有应力集中，但双侧传动，受力均衡，如没有极恶劣环境、负载过大的情况，工作状态安全。

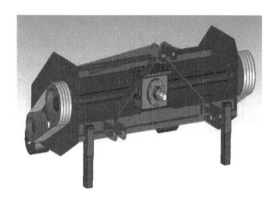

图 4-26　1GFY-150 甘蔗叶粉碎还田机虚拟样机

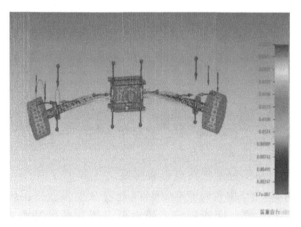

图 4-27　主传动轴力学有限元分析

4. 机具甩刀及刀辊设计

（1）甩刀形状种类

甘蔗叶粉碎还田机的甩刀形状不仅直接影响甘蔗叶粉碎还田机的粉碎效果，而且在一定程度上影响刀轴的设计和定刀的排列。甩刀按形状可分为直刀型、L 型及其改进型刀、T 型刀、锤爪型、Y 型甩刀型,结构见图 4-28。

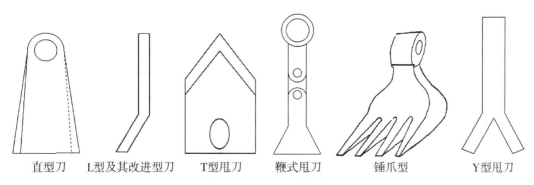

直型刀　　L型及其改进型刀　　T型甩刀　　鞭式甩刀　　锤爪型　　Y型甩刀

图 4-28　甩刀形状结构

直刀型。直刀工作部位一般开刃,以砍切为主,滑切为辅的切割方式,结构简单,制造容易。通常两把或三直刀为一组,间隔较小,排列较密。其高速旋转时,有多个甩刀同时参与切断粉碎,使粉碎效果较好,尤其针对有一定韧性类的秸秆,更为明显。同时,由于该类甩刀体积小,运转时阻力小,消耗的功率较小(文立阁 等,2006)。

锤爪型。采用锤爪型粉碎还田机的工作原理是:利用高速旋转的锤爪来捣碎、撕剪甘蔗叶,由于自身质量较大,锤击惯性力大,粉碎质量较好。同时锤爪表面积大,切碎过程中能产生较大吸力,将甘蔗叶拾起。锤爪一般采用高强度耐磨铸钢,强度大且耐磨。若种植地块横畦较多较高,工作过程中就会产生很大阻力,使负载明显增大。

Y 型甩刀。Y 型甩刀切割部位多数开刃,这样增加了它的剪切力,甘蔗叶粉碎率高。因刀具为 Y 型,其对甘蔗叶的捡拾较好。体积和重量均小于锤爪,所受阻力较小。所以其消耗拖拉机的功率较小。

T 型甩刀。T 型甩刀的特点是既有横向切割,又有纵向切割,即在切碎的同时还通过刀柄的刃部将打裂。但结构较复杂,主要用于立式粉碎还田机(文立阁 等,2006)。

L 型及其改进型刀。吴子岳等(2001)提出 L 型曲刃刀,即正切刃是圆弧曲线刃,圆弧半径为 214 mm,滑切角度为 10°~30°,侧切刃是直刃,每刀作业宽度为 80 mm。采取曲线刃可以实现滑切的方式切断根茬,减少切割阻力,滑切比砍切能明显降低切断速度。

鞭式刀具。鞭式刀具(张世芳 等,2004)主要采用 3 节鞭式刀具结构,其由刀座、刀柄、刀头 3 节组成。刀组按螺旋线对称排列,一组刀头通过销轴连接在刀柄上,刀柄通过销轴连接在刀座上,刀座按刀组排列位置焊接在刀轴上。鞭式刀具以"三节鞭"抽打方式作用于甘蔗叶、根茬,刀头速度高,既可切碎甘蔗叶,又能同时入土破茬,使碎甘蔗叶与土壤均匀混拌,达到免耕播种要求。

（2）甩刀结构参数设计

目前用于甘蔗叶粉碎还田的刀具主要为直刀和 L 型及其改进型刀等。主要的结构参数（毛罕平，陈翠英，1995）有弯折角、正切面刃角、弯曲半径、切削宽度、刃厚和刀辊半径。弯折角即甩刀正切面与侧切面夹角，弯折角过大，刀尖接触土壤增加甩刀阻力和加速其磨损；弯折角过小，工作时弯折处首先接触甘蔗叶和土壤，滑向侧切刀，刀辊易堵塞，阻力增大。正切面刃角小，甩刀比较锋利，功耗小，但寿命短。

由于甩刀具有较高的旋转速度，为防止刀片在作业时碰到坚硬的障碍物（石头等）而损坏。刀片与刀座间用铰接方式连接，当甩刀端点以较高线速度旋转时，在离心力的作用下，甩刀处于径向射线位置，与转子形成一旋转整体。甩刀的受力状态如图4-29所示。

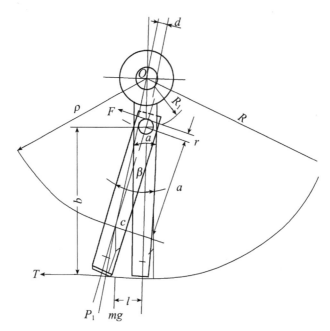

图4-29　甩刀受力分析

甩刀工作时部分动能用来克服切割阻力而产生偏距，并在离心力作用下恢复到原位。其满足以下公式。

$$\sin\beta = \left(\frac{Tb}{m} - f\omega^2\rho T\right)\frac{1}{a(g + \omega^2 R)}$$

式中：β—甩刀偏转角度（°）；T—甩刀端部的切割阻力（N）；f—摩擦系数（f = 0.15）；R—甩刀回转半径（mm）；ω—甩刀角速度（rad/s）；ρ—质心离旋转中心的距离（mm）；g—重力加速度（m/s²）；a—甩刀质心离甩刀铰接处的距离（mm）。

由上式可知：偏转角 β 过大不利于粉碎。当甩刀几何尺寸及甩刀安装尺寸一定时，增大质量 m，β 减小；m 一定时增大 ρ 时增大，β 值减小，即质量一定时甩刀质量重心向刀端移动，以减小偏转角；提高转子转速也可减小偏转角。在刀辊转速一定时，增大甩刀回转半径 R 能使甩刀刀端的绝对速度增大，即提高切割速度，提高粉碎效果；但 R

增大使机具尺寸增大，刀辊动不平衡因素增大，同时增大功率损耗。

（3）甩刀速度

甩刀速度与甘蔗叶粉碎还田机的粉碎效果有直接关系，速度过小造成粉碎腔内负压小，降低捡拾率，影响粉碎效果，速度过大造成不必要的功率损耗（付雪高 等，2011）。所以须设计合理的甩刀速度，根据甘蔗叶粉碎还田机甩刀刀端的运动轨迹方程：

$$x = R\cos(\omega t) + v_m t$$
$$y = R\sin(\omega t)$$

式中：ω—角速度（rad/s）；v_m—机组前进速度（m/s）；R—甩刀回转半径（mm）。

对轨迹方程进行一次求导可得：

$$v_x = \frac{dx}{dt} = v_m - \omega R\sin(\omega t)$$

$$v_y = \frac{dy}{dt} = \omega R\cos(\omega t)$$

因此可求得切削速度为：

$$v = \sqrt{v_x^2 + v_y^2} = \sqrt{v_m^2 - 2v_m\omega R\sin(\omega t) + \omega_2 R_2}$$

简化可得

$$v = v_1\sqrt{1 + \frac{1}{\lambda^2} - \frac{2(R-h)}{\lambda R}}$$

其中：

$$v_1 = \omega R = \frac{\pi n}{30}R, \ \lambda = \frac{v_1}{v_m}$$

式中：v_1—甩刀圆周切线方向速度（m/s）；v_m—机组前进速度（m/s）；n—刀辊转速（r/s）；R—甩刀回转半径（mm）。

（4）刀具数量与排列

对于秸秆还田机，甩刀数量要合理，并非数目越多，粉碎质量越好。刀具数量少，秸秆没有被充分的切碎打击，使粉碎出的物料块大秆长；数目多，功耗明显增大。甩刀数量可采用如下公式（涂建平 等，2003）计算：

$$N = C \cdot L$$

式中：N—甩刀总数（片）；C—甩刀密度（片/mm）；L—甩刀在主轴上分布的长度（mm）。

对于甩刀密度直刀型一般取 0.05~0.07 片/mm，L 型及其改进型取 0.02~0.04 片/mm，T 型取 0.01 片/mm。

利用上式计算出总刀数后，进行排列就可以设计出刀座的排列方式，刀轴理论上刀座数目：

$$N = 2ZP_1P_2$$

式中：N—刀座数；Z—刀排数；P_1—同时参与切割的刀座数目；P_2—周向上刀座数目。

甩刀的排列方式对甘蔗叶粉碎还田机设计至关重要，合理的甩刀排列方式不仅可以提高粉碎质量，保证平衡性，减少振动；而且使作业时不堵塞、不漏耕、不重耕。甩刀排列的形式主要有螺旋排列、对称排列、交错排列、对称交错排列等。

现在采用的刀具排列为螺旋对称排列，其应满足的条件：在同一回转平面上，若配置两把以上的甩刀，应保证进切量相等；在刀轴回转一周过程中，刀轴每转过一个相等的角度时，在同一相位角必须是一把刀工作，保证机具工作的稳定性和刀轴负荷均匀；相续工作的甩刀在刀轴上的轴向距离越大越好，以免发生堵塞。

根据甩刀排列的条件和刀座数目的计算公式，甩刀的排数为 7，同时参与切割的刀座数目为 2，周向上刀座数目为 2，则理论上刀辊上的刀座数仅为 28 个。如果每组组合刀的数量为 2，则共需 56 把，采用两把直刀和一把 L 型及其改进型则需 84 把。

(5) 甩刀的耐磨性能

由于甘蔗叶粉碎还田机是典型的地面机械，工作环境极其恶劣，当甩刀与甘蔗叶松软、黏湿的土壤接触时产生阻力，甚至使刀具严重磨损，造成机具的不平衡引起整机振动。因此甩刀应具备足够的强度和刚度，以提高其耐磨性。

郝建军等（2005）在 45# 钢基体制备了火焰喷焊 Ni60 和 NiWC 喷焊层，分析了鞭式刀具的失效机理，刀具破坏的原因是：磨粒对刀具工作面的切削和凿削；冲击造成的塑性变形冲击坑，尝试微区冷作硬化，反复作用下原来有一定塑性的表面逐渐变脆削落；摩擦的无数次反复冲击，使刀具发生周期弹性变形，造成接触疲劳破坏。用金相显微镜观察刀具宏观磨损形貌和喷焊层的结合情况，运用能模拟刀具实际工作状况的自制磨损机进行了磨损试验，对比了 65Mn 淬火回火与火焰喷焊 Ni60 和 NiWC 喷焊强化刀具的耐磨性能。结果表明，喷焊试样的耐磨性均高于对比试样淬火回火的 65Mn 试样，高达 3.63 倍，镍基自熔性合金粉末 Ni60 中加入铸造 WC 可提高喷焊层的耐磨性。证实了 NiWC 火焰喷焊层具有良好的耐磨性，可用于甩刀的表面强化和修复。

马跃进等（2005）为解决刀具成本高、寿命短的问题，在不显著增加成本的基础上，运用热喷涂技术，对氧—乙炔火焰喷焊 NiWC 合金粉末强化刀具耐磨性进行研究，并对喷焊 NiWC 工艺进行了优化，通过正交试验确立了最佳方案，得出在实验范围内涂层配比为 Ni60+35%WC，预热温度为 450℃，乙炔流量为 1 000 L/h，喷涂距离为 40 mm。表明 WC 含量、喷焊层工艺对涂层耐磨性有较大差异，当 WC 加入量超过 35% 时，喷焊工艺降低，导致喷焊层中缺陷增多，硬质相分解，耐磨性不再继续提高，会有所降低。与 65Mn 材料比较，采用 NiWC 合金粉末喷焊强化的甘蔗叶粉碎还田机刀具具有良好的性价比。

孟海波等（2004）对秸秆揉切机甩刀进行断裂失效分析，他们得出产生断裂的原因为应力集中，不均匀的索氏体组织是 65Mn 钢刀具脆性断裂的原因，对 65Mn 钢作为材料的甩刀经过淬火、等温淬火、回火等热处理后，甩刀不出现断裂现象且耐磨性大大提高了。

(6) 刀辊的平衡研究

甘蔗叶粉碎还田机在工作过程中，刀辊高速旋转运动，机具产生较大振动，影响机具的粉碎质量和使用寿命。刀辊为均质回转轴，空转时其上离心合力近视为零，所以振动产生的原因主要是由于甩刀及其附件产生的离心惯性力。甩刀的离心惯性力产生的振动再通过轴承支点传递给机架引起整机的振动。根据理论力学碰撞冲量对绕定轴转动刚体的作用及撞击中心理论，应使甩刀的主要工作刃口与甩刀撞击中心重合，即满足：

$$D = J_z/Ma$$

式中：D—撞击中心至转轴的长度（mm）；J_z—转动刚体对转轴的转动惯量（kg·m^2）；M—转动刚体的质量（kg）；a—转动刚体质心至转轴的长度（mm）。

当甩刀作用于秸秆受到撞击时，甩刀的摆心速度为零，销轴及刀轴不受力，使销轴和轴承受力较小。由于甩刀转速较高，为防止甩刀碰到坚固物体损坏，甩刀与刀座采用铰接方式连接，工作时，甩刀处于径向射线位置，与轴形成旋转整体。切割秸秆时，甩刀的部分动能用来克服甩刀产生偏转，粉碎完成后，甩刀在离心力作用下恢复到原位。所以工作时甩刀受到重力 G、离心力 p、摩擦力 F 及切割阻力 T。甩刀受力情况如图 4-30 所示。

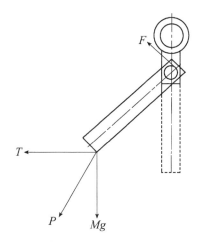

图 4-30　甩刀受力情况

为保证刀辊轴承动反力为零且刀辊不产生振动，必须使甩刀产生的惯性离心力系主矢为零，且其对于 X、Y 轴的矩也等于零（张佳喜 等，2007）。刀辊由辊轴、刀座、甩刀构成。动平衡分析时，将刀辊理想化为刀辊部分质量均匀分布，且无制造、安装误差，仅从甩刀排列方面对其进行动平衡计算。对于每把甩刀而言，都是一个不平衡的转子。但从刀辊上甩刀的整体排列而言，如果所有甩刀引起的不平衡量在刀辊轴端相互抵消，从整体上看刀辊趋于平衡。由此可将粉碎还田机刀辊上每把甩刀产生的不平衡力向刀辊端面平移，使其在 2 个校正面上的主矩、主矢均为零，则整个刀辊处于平衡状态。

刀辊上甩刀离心力分解示意如图 4-31 所示，以左侧第 1 把刀位的 A' 面为一校正面，以右侧第 1 把刀位的 B' 面为另一校正平面。

由二面平衡原理将刀辊上所有力 F_i 分解在二校正平面上，可得 2 个平面上的平衡

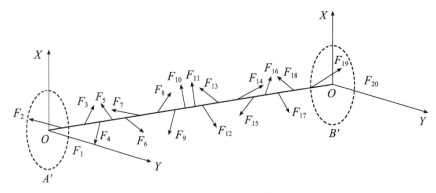

图 4-31　刀辊受力示意图

方程式为：

$$\begin{cases} F_{ax} = F + \dfrac{S_i}{S}F\cos\theta_2 + \dfrac{S_{i-1}}{S}F\cos\theta_3 + \cdots + \dfrac{S_I}{S}F\cos\theta_{i+1} \\[3mm] F_{ay} = \dfrac{S_I}{S}F\sin\theta_2 + \dfrac{S_{i-1}}{S}F\sin\theta_3 + \cdots + \dfrac{S_1}{S}F\sin\theta_{i+1} \end{cases}$$

$$\begin{cases} F_{bx} = F + \dfrac{S_1}{S}F\cos\theta_2 + \cdots + \dfrac{S_i}{S}F\cos\theta_{i+1} + F\cos\theta_{i+2} \\[3mm] F_{by} = \dfrac{S_1}{S}F\sin\theta_2 + \cdots + \dfrac{S_1}{S}F\sin\theta_{i+1} + F\sin\theta_{i+2} \end{cases}$$

式中：θ_i—第 i 把甩刀刀辊周向角（°）；F—甩刀及刀座产生的离心力（N）；S—刀辊两基面距离（mm）；S_i—第 i 把刀离 B 面的距离（mm）。

（7）甩刀工作参数

甘蔗叶粉碎还田机甩刀的运动是由拖拉机经万向节传到变速箱，经传动轴传到皮带轮，再由皮带轮带动刀辊转动，从而甩刀才运动。本机具采用正转的运动方式，在粉碎还田的过程中，甩刀随着拖拉机做直线运动的同时伴随刀辊做回转运动，因此甩刀在工作时的绝对运动是合成运动。甩刀随着拖拉机前进的直线运动称为牵连运动（其速度为牵连速度 v_0）；刀辊转动时甩刀绕刀辊旋转所形成的圆周运动为甩刀的相对运动（其速度为相对速度 v_m，也是甩刀刀端的圆周速度）。故可以得到甩刀的绝对速度 v 的矢量方程为 $\vec{v} = \vec{v_0} + \vec{v_m}$。甩刀运动轨迹图见图 4-32。

当知道了甩刀的回转半径 R、旋转角速度 ω 及拖拉机前进速度 v_m 时，就可以推导出甩刀的运动轨迹曲线方程。甘蔗叶粉碎还田机甩刀的运动轨迹曲线由运动着的刀端 M 点所形成，即 M 点的运动轨迹。以刀端 M 点位于前方水平位置的刀辊轴心 o 为固定坐标系的原点，拖拉机前进方向为 x 轴的正方向，y 轴正向垂直地表向下。

则在时间 t 内通用刀片端点 M（x，y）绝对运动轨迹的参数方程可表示为：

$$\begin{cases} x = v_{mt} + R\cos\omega_t \\ y = R\sin\omega_t \end{cases}$$

式中：ω—刀辊回转角速度（rad/s）；R—甩刀回转半径（mm）；v_m—拖拉机前进速度

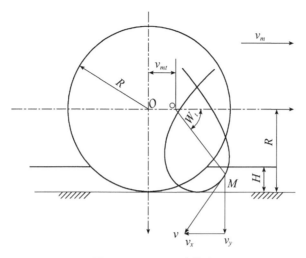

图 4-32　甩刀运动轨迹

（m/s）；ω_t—甩刀转角（rad）。

由上述方程式可以得到 M 点运动轨迹方程为：

$$x = \frac{v_m}{\omega}\arcsin\frac{y}{R} + \sqrt{R^2 - y^2}$$

粉碎速比是甩刀的牵连速度和拖拉机的前进速度的比值（甩刀相对速度与牵连速度的比值），记为 λ，即

$$\lambda = \frac{v_0}{v_m} = \frac{R\omega}{v_m}$$

由上式得 $\frac{v_m}{\omega} = \frac{R}{\lambda}$，进一步可得出甩刀刀端 M 点的运动轨迹方程为：

$$x = \frac{R}{\lambda}\arcsin\frac{y}{R} + \sqrt{R^2 - y^2}$$

此方程为摆线的方程，也称为旋轮线。由此得出甩刀在工作时的运动轨迹为摆线。

（8）刀片运动轨迹的性能特征分析

通过分析甩刀的运动轨迹方程，从甩刀刀端 M 点运动的轨迹方程式可得出，甩刀运动轨迹的形状与甩刀的回转半径 R，拖拉机的前进速度 v_m 以及刀辊转动的角速度 ω 有关。当 R，v_m，ω 变化时 λ 也不同，所以甩刀的运动轨迹有以下特点：①当 $\lambda = \frac{v_0}{v_m} = \frac{R\omega}{v_m} < 1$ 时，甩刀刀端 M 点在任何位置的绝对运动水平位移的方向与拖拉机前进的方向相同，甩刀的运动轨迹是无扣的短幅摆线，甩刀不能向后抛甘蔗叶。甩刀对甘蔗叶的作用不大，因此甩刀不能正常工作。②当 $\lambda = \frac{v_0}{v_m} = \frac{R\omega}{v_m} = 1$ 时，甩刀工作轨迹为标准的摆线，且 $L = 2\pi R$（L 为拖拉机走过的距离）。③当 $\lambda = \frac{v_0}{v_m} = \frac{R\omega}{v_m} > 1$ 时，甩刀旋转过一定的

角度，达到一定部位时，甩刀端点的绝对运动的水平位移就会和拖拉机前进的方向相反，因而甩刀的刀刃就可以把甘蔗叶向后抛，增加甘蔗叶在粉碎腔内的时间，使甘蔗叶粉碎效果更好。

（9）甩刀的加速度

当刀辊或甩刀以角速度 ω 匀速旋转，拖拉机以 v_m 做等速前进时，甩刀刀端只有指向转动中心的向心加速度 a_n。对甩刀的运动方程求二阶导数可得到甩刀的分加速度方程：

$$\begin{cases} a_x = -R\,\omega^2\cos\omega t \\ a_y = -R\,\omega^2\sin\omega t \end{cases}$$

可得甩刀的绝对加速度为：

$$a_n = \sqrt{a_x^2 + a_y^2} = R\,\omega^2$$

（10）动刀在刀辊上的排列选择

在刀具排列方面，既要保证甘蔗叶的粉碎质量，又要尽量避免刀具过密带来的功率损耗过大等问题。动刀排列的合理与否直接影响机具的捡拾、粉碎效果及刀辊的平衡。动刀排列应满足（涂建平 等，2003）：①机具工作性能。在不产生漏切割和保证粉碎质量的条件下，刀片的排列使相继切割秸秆刀片的轴向间距应尽可能大些，径向相邻两刀片夹角也应尽量大些，以免干扰和阻塞；②降低机具磨损，提高其稳定性。刀片排列从整体上看，在轴向分布均匀，径向上呈等角分布，以便使机具空载时刀轴负荷均匀，刀片产生的离心力施加到刀轴上的合力为零；③提高机具经济性能。结构简单，制造、装配和更换方便，功率消耗小，经济实用。

一般动刀采用按螺旋线对称排列方式，并从轴中间等距离反方向等值分布，以在刀轴上按动刀径向距离相等的条件作为基础（杨坚 等，2005），这样的排列方式适用于相对规则和均匀的秸秆，如玉米秸秆等。但甘蔗叶杂乱无章、互相牵连，甘蔗叶粉碎还田机两端的甘蔗叶可能因附近的甘蔗叶也会同时喂入，使两端粉碎量大，两端粉碎效果比中间相对要差些。因此。可采用刀轴轴向不等距排列动刀方法，适量增加甘蔗叶粉碎还田机两端的动刀数量，使两端动刀密度大，以增加两端吸入甘蔗叶的打击次数，提高两端的粉碎质量。1GYF 系列机具具体布置如图 4-33、图 4-34 所示。

为了防止刀轴产生设计上固有的不平衡因素，现对刀轴布置进行动平衡计算。对于每组动刀都可以看成是在刚性轴上的一个质量为 m 的质心，到轴心的距离为 r 的配重。各个刀组产生的惯性力相加后互相抵消，在两端轴承上产生的惯性力的合力和合力矩为零。

以刀轴上安装轴承的轴肩位置为原点，对于每个轴承都可以有以下计算公式（姬江涛 等，2003）：

$$F = mv^2/r$$

$$\sum M_x = F\cos\alpha_1 L_1 + F\cos\alpha_2 L_2 + \cdots + F\cos\alpha_{20} L_{20}$$

$$\sum M_y = F\sin\alpha_1 L_1 + F\sin\alpha_2 L_2 + \cdots + F\sin\alpha_{20} L_{20}$$

式中：$\sum M_x$、$\sum M_y$ 为各质心在轴承位置的合力矩；m 为质心质量；r 为质心到旋转轴

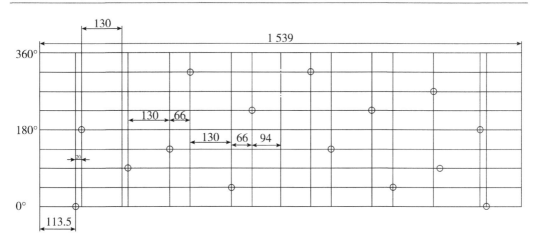

图 4-33　1GYF-150 型甘蔗叶粉碎还田机动刀排列与布置示意图

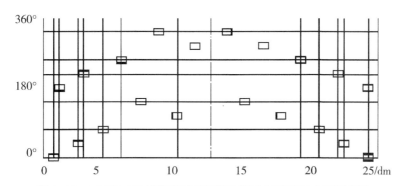

图 4-34　1GYF-250 型甘蔗叶粉碎还田机动刀排列与布置示意图

心的距离；F 为每个质心产生的惯性力；α_n 为每个质心所处相位角；L_n 为质心到每个轴肩的轴向距离。

对于甘蔗叶粉碎还田机两边的轴承位，分别以设计中总的刀组数（150 型 18 组，250 型 20 组）的相位角和刀组中心点到轴肩位置轴向距离的实际数字代入上面公式，经过计算后均可以得到 $\sum M_x = \sum M_y = 0$。

采用不等距双螺旋线对称排列，并合理适量增加刀辊两端动刀的数量，保证两端粉碎质量，适应不同拖拉机动力配套作业的需要，满足甘蔗叶粉碎质量和生产农艺要求。

5. 集叶器的设计

集叶器（李明 等，2008）的结构见图 4-23 部件 8，主要由弯管、底尖、连接板和多孔板等组成，其中多孔板用于集叶器离地高低的调整。集叶器安装呈对称分布且可调节其间距来适应不同行距的地块，并且底尖、限位轮和拖拉机后轮处于同一直线上。通过集叶器可以大大提高甘蔗叶捡拾率，减少受天气或其他因素的影响造成难以被粉碎腔内的气流吸起的甘蔗叶，从而提高整个机具的性能。

由于甘蔗叶杂、乱、多，且甘蔗地不平整，要使集叶器的底尖始终与限位轮保持一定以利提升甘蔗叶，需合理设计集叶器弯管与地块的夹角，对地表进行大致的仿形。甘蔗叶在集叶器上的运动分析见图4-35，其中 H 为集叶器尖底与前挡板的高度。

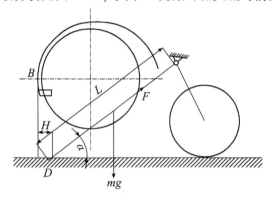

图4-35　甘蔗叶在集叶器上的运动分析

要使甘蔗叶能随着拖拉机的前进沿着弯管向上挪动且不能发生翻滚以免造成阻塞，需满足 $F > mg\sin\alpha + \mu mg\cos\alpha$ ，其中 F 为甘蔗叶对集叶器切线的受力，单位为 N；m 为集叶器上甘蔗叶质量（kg）；μ 为弯管的摩擦系数，$\mu = \tan\theta$ ；θ 为弯管的摩擦角。则可求出保证较好收集甘蔗叶，与地面的最佳角度 α 满足以下条件：

$$\alpha < \arcsin\left(\frac{F}{mg}\cos\theta\right) - \theta$$

通过理论分析并结合试验得出 1GYF-150 型甘蔗叶粉碎还田机的基本结构和主要参数：仿形集叶器中弯管倾角为 45°~60°；甩刀采用直刀和 L 型及其改进型组合结构，并按螺旋线对称排列，其厚度均为 10 mm，销轴端宽度约为 50 mm，甩刀刀口宽度为 80 mm，且直刀与定刀径向重叠为 25~40 mm，L 型及其改进型刀重叠为 12~25 mm；刀辊回转半径为 250 mm，切割线速度为 48 m/s，刀辊转速为 1 830 r/min，机具前进速度为 1.0 m/s。

6. 可转向地轮的设计

甘蔗是垄作种植的作物，甘蔗叶粉碎还田机通常配置有地轮装置。其地轮装置由轮子、轮轴、销轴等组成，通过销轴上下移动来调整机具刀具与地面的高低。由于机具刀辊高速转动，大多数刀辊转速在 1 800 r/min 以上，致使整个机具容易产生振动。而其中地轮装置也会产生振动，尤其是地头转弯提升时，更会产生剧烈的振动，进一步加剧了甘蔗叶粉碎还田机的振动，严重时会破坏刀辊轴承等重要部件和零件，影响机具的工作可靠性。

可设计将地轮既可上下调整也可相对固定不动，在作业过程和地头转弯提升均不会产生跳动或移动，大大减少了对机具产生的振动，有效地保证机具工作的可靠性。但是拖拉机必须直线行驶，在地头换行转弯时仍需要提升机具，让地轮离地面足够高度才能拐弯。如操作不当较容易损坏地轮，尤其是在不平整或者形状不规整的地块作业时，甚至还会损坏甘蔗叶粉碎还田机，进一步增加拖拉机的动力消耗。因此，如能实现可直接转向行驶，可以有效提高甘蔗叶粉碎还田机的工作效率与可靠性。

设计的可转向地轮如图4-36所示，主要由连接管、轮叉、套管、轮子、轮轴、螺栓和垫圈等组成。采用垫圈和转动式套管设计，使地轮既可上下调整也可灵活转动。这样，甘蔗叶粉碎还田机在作业过程中或地头转弯均可以不提升直接在地面转弯，不但解决了提升时会产生跳动或移位而产生振动的现象，且机具可以直接拐弯行驶，大大提高了机具工作效率和保证机具工作可靠性。

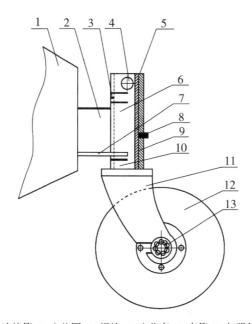

1. 机架 2. 连接管 3. 上垫圈 4. 螺栓 5. 定位套 6. 套管 7. 加强筋 8. 注油口
9. 轮叉的上部 10. 下垫圈 11. 轮叉 12. 地轮 13. 轮叉的下端部

图 4-36 可转向地轮

（三）甘蔗叶粉碎还田机影响因素及田间试验研究

1. 影响甘蔗叶粉碎还田机性能指标

甘蔗叶粉碎还田机整机的工作指标主要有甘蔗叶捡拾率（η）和甘蔗叶粉碎率（θ）。其中，捡拾率由未捡拾的蔗叶质量和总的甘蔗叶质量决定即满足公式：

$$\eta(\%) = \left(1 - \frac{\text{未捡拾的甘蔗叶质量}}{\text{甘蔗叶总质量}}\right) \times 100$$

甘蔗叶粉碎率以粉碎后甘蔗叶长度不大于 20 cm 来衡量，即不大于 20 cm 的甘蔗叶质量和总的甘蔗叶质量来测定。即满足公式：

$$\theta(\%) = \frac{\leq 20 \text{ cm 的甘蔗叶质量}}{\text{甘蔗叶总质量}} \times 100$$

2. 甘蔗叶粉碎还田机的工作参数

由于实验条件的限制，我们以甘蔗叶粉碎还田机的甩刀速度、拖拉机行驶速度、定刀间距、甩刀刀端离地间隙（李明 等，2008）为影响因子，在甘蔗叶含水率为 28.3%时，风向 1~3 级，天气晴好的情况下进行了相应的田间试验。

1）甩刀速度通过拖拉机的功率和变速箱、带轮的传动比进行计算得出。

2）拖拉机前进速度是用秒表记录机组在测定距离内所用的时间，计算出速度即 $v = s/t$。其中 v——机组前进速度（m/s）；s——机组在测定时间内行驶路程（m）；t——测定的时间（s）。

3）拖拉机打滑率由后驱动轮转过相同转数时的空行程的距离计算得出。

$$\delta(\%) = \frac{(S_k - S_g)}{S_k} \times 100$$

式中：δ——机组打滑率（负值为滑移）（%）；S_k——机组空行程距离（m）；S_g——机组工作行程距离（m）。

4）甘蔗叶覆盖率，每个工况测定 3 点，耕作前每点按 1 m² 面积的甘蔗叶，称其重量，耕作后按照相同的方法测得粉碎后的质量，并分别计算出耕前和耕后所测 3 点的平均值，即按以下公式计算：

$$F_b(\%) = \frac{(W_g - W_k)}{W_g} \times 100$$

式中：F_b——甘蔗叶覆盖率；W_g——耕前甘蔗叶平均值（g）；W_k——耕后甘蔗叶平均值（g）。

3. 甘蔗叶粉碎还田机田间试验

（1）试验目的

为了提高粉碎质量和降低作业成本，通过对影响 1GYF-150 型甘蔗叶粉碎还田机作业质量的主要因素进行试验与分析，对影响甘蔗叶粉碎还田机的影响因素进行正交试验分析。主要对不同类型的甩刀（L 型及其改进型和直刀）组合、不同甩刀排列方式、不同甩刀数量等因素对机具的捡拾率、粉碎率和整机性能的影响进行了试验分析。

（2）实验仪器和条件

一辆 90 马力纽荷兰拖拉机，一架 1GYF-150 型甘蔗叶粉碎还田机及配套不同类型的甩刀、不同间距的定刀，秒表，电子秤，塑料袋若干，卷尺和米尺，未粉碎或焚烧的甘蔗地。

（3）实验方案

影响甘蔗叶粉碎还田机的性能主要因素有：甩刀线速度、机具行驶速度、定刀间距、甩刀刀端离地沟间隙等，在甘蔗叶含水率为 28.3% 时，分别做了这些因素的单因素和多因素对甘蔗叶捡拾率和粉碎率的影响，并对相关结果进行了分析。

（4）单因素影响对比试验与结果分析

1）甩刀排列方式对捡拾和粉碎性能的影响。

为使甘蔗叶粉碎还田机更好捡拾、粉碎，刀辊受力均匀，减少振动，保护刀辊轴承，甩刀排列应满足：①降低机具振动，提高其稳定性。在轴向分布均匀，径向上呈等角分布，以便使机具空载时刀轴负荷均匀，刀片产生的离心力施加到刀轴上的合力为零；②保证机具工作性能。在不产生漏切割和保证粉碎质量的条件下，刀片的排列应使相继切割秸秆刀片的轴向间距应尽可能大些，径向相邻两刀片夹角也应尽量大些，以免干扰和阻塞；③提高机具经济性能。结构要简单，制造、装配和更换方便，功率消耗小，经济实用。

已有虚拟样机仿真和试验表明：甩刀在刀辊上的排列是影响甘蔗叶粉碎还田机作业质量、功率消耗及振动和平衡的重要因素之一，刀辊系统的动态不平衡及多甩刀同时与坚硬石块碰撞是造成机具振动大、轮轴轴承损坏的主要原因。最初采用每组 2 把 L 型及其改进型刀结构，排列方案如图 4-37（a）所示。

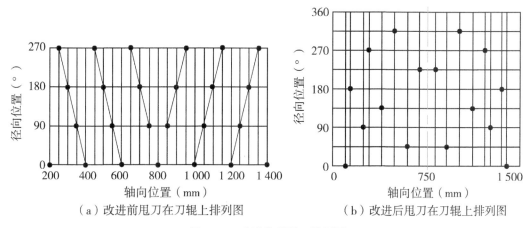

（a）改进前甩刀在刀辊上排列图　　　　（b）改进后甩刀在刀辊上排列图

图 4-37　改进前后甩刀排列图

由图 4-37（a）可知，工作时同一时刻有 6 组甩刀共 12 把参与粉碎作业，可能是甩刀与坚硬石块碰撞的力过大，造成轴承的受力超过其能承受的动载能力。显然，减少同一时刻参与粉碎的甩刀数量，可以减少轴承破坏的可能性。为此，对甩刀结构和排列方案进行了大量探讨与结合田间试验，并充分考虑其与定刀结构关系和要求，最终甩刀结构采用每组 2 把直刀和 1 把 L 型及其改进型刀的组合，并按双螺旋线对称排列，排列方案展开见图 4-37（b）。每转过 45°有 2 组甩刀仅 6 把同时作业，可避免多把甩刀同时作业，大大减少了工作阻力，在恶劣工况条件下，能有效降低振动和轮轴轴承的受力，避免刀辊两端轴承损坏，提高了机具的使用寿命。

2）甩刀类型对捡拾率与粉碎率性能的影响。

甘蔗叶粉碎还田机的甩刀按形状分类主要有直刀、L 型及其改进型刀、T 型刀以及锤爪型 4 类。为提高粉碎质量和降低作业成本，笔者对不同甩刀进行了大量的研究探讨。在不同甘蔗叶含水率条件下，不同类型甩刀对比田间试验结果见表 4-4。

表4-4 甩刀类型对捡拾率和粉碎率影响分析

甩刀类型及数量	捡拾率（%）		粉碎率（%）	
	原料含水率（18.5%）	原料含水率（31.8%）	原料含水率（18.5%）	原料含水率（31.8%）
直刀42	94.5	76.3	88.9	85.8
L型及其改进型刀42	99.3	98.8	84.6	86.1
直刀14+L改进刀28	98.2	98.5	90.2	86.8
直刀28+L改进刀14	98.1	98.1	95.2	94.4

可见，甩刀类型对甘蔗叶粉碎还田机的工作质量影响很大。采用直刀结构，由于甩刀可和定刀径向重叠量大，增强了切割与粉碎能力，在甘蔗叶原料含水率低时，其捡拾与粉碎效果均有保证，但其转动惯量小，使捡拾和打击性能差，在原料含水率高时，甘蔗叶特性类似塑性材料（James G.，1996），柔韧性较好，不易断裂，使粉碎率显著降低；而采用L型及其改进型刀，转动惯量大，捡拾性能好，但甩刀和定刀径向重叠量小，作用机理以打击为主，属于无支撑切割粉碎，使切割和粉碎性能差；而采用直刀和L型及其改进型刀组合，尤其是每组2把直刀和1把L型及其改进型刀因其中更多的直刀可在两片定刀之间间隙中穿过，并和定刀径向重叠量大，使粉碎间隙在定刀处突然减少，甩刀与甘蔗叶发生相对运动，利用直刀和定刀的刃口将甘蔗叶进一步切碎，改善了无支撑切割粉碎的条件，使在较低线速度条件下，在保证了较高捡拾率的同时提高了粉碎率。为此，选择每组甩刀采用2把直刀和1把L型及其改进型刀的组合结构。

3）甩刀线速度对捡拾率和粉碎率性能的影响。

在不同甘蔗叶含水率条件下，不同甩刀线速度对比田间试验结果见图4-38。

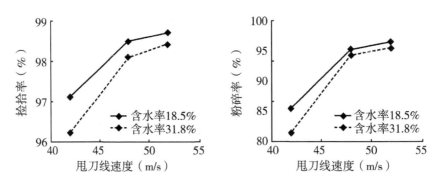

图4-38 甩刀线速度对捡拾率和粉碎率性能的影响

在试验中观察发现：甘蔗叶柔韧性较好，在粉碎过程中，甩刀线速度变化较大，明显降低。线速度低，在甘蔗叶原料含水率低时，其捡拾与粉碎效果均有保证，但含水率越高，甘蔗叶所占质量也就越大，甩刀捡拾和粉碎所需惯性力也就越大，且秸秆特性类似塑性材料，含水率越高柔韧性越好，越不易断裂和粉碎，捡拾率和粉碎率则越低。而甩刀线速度高，转动惯量大，不管甘蔗叶含水率高低，其捡拾率与粉碎率均高，但甩刀线速度高，粉碎功耗增大，平衡性差，振动和噪声也增大，对机具作业很不利，在满足甘蔗叶粉碎质量农艺要求的前提下尽可能选择较低甩刀线速度，并经过大量田间试验验证，甩刀线速度确定为 48 m/s。

4）甩刀离地间隙对捡拾率和粉碎率性能的影响。

甩刀离地间隙对甘蔗叶粉碎还田机的捡拾率和粉碎率的影响见表 4-5。

表 4-5　甩刀离地间隙对捡拾率和粉碎率影响分析

甩刀离地沟间隙 (cm)	捡拾率（%）		粉碎率（%）	
	原料含水率（18.5%）	原料含水率（31.8%）	原料含水率（18.5%）	原料含水率（31.8%）
25	97.1	96.2	86.4	81.3
20	98.5	98.1	95.2	94.4
12	99.3	98.5	96.1	95.1

由表 4-5 可知，甩刀离地沟间隙与甘蔗叶捡拾和粉碎性能相关，甩刀离地沟间隙高，在甘蔗叶原料含水率低时，其捡拾与粉碎效果均有一定的保证，但甘蔗叶含水率越高，其所占质量也就越大，同时，甩刀的喂入距离增大，甩刀捡拾和粉碎所需惯性力也就越大，使捡拾率和粉碎率随之降低，且柔韧性越好，越不易断裂和粉碎，使粉碎率显著降低；而甩刀离地沟间隙较低，甩刀的喂入距离缩短，便于甘蔗叶喂入粉碎室，从而提高了捡拾率，但甩刀离地沟间隙过低，小于垄高，很难避免甩刀会切入土壤，造成动力消耗大和甩刀寿命短，且干燥天气作业时粉尘较大，"尘土飞扬不见天"，对拖拉机进气和散热系统也会造成不良的影响，如工作环境较恶劣等。因此，甩刀离地沟间隙以超过垄高且甩刀不直接接触垄面为宜，取值为 10~20 cm。

5）定刀间距对捡拾率和粉碎率性能的影响。

在不同甘蔗叶含水率条件下，不同定刀间距对比田间试验结果见表 4-6。

表 4-6　定刀间距对捡拾率和粉碎率性能的影响分析

定刀间距 (cm)	捡拾率（%）		粉碎率（%）	
	原料含水率（18.5%）	原料含水率（31.8%）	原料含水率（18.5%）	原料含水率（31.8%）
80	98.5	98.1	86.5	80.1
60	98.5	98.1	95.2	94.4
40	98.5	98.1	96.5	96.1

由表 4-6 可见，定刀间距对与甘蔗叶粉碎率影响较大，对捡拾率影响则不大。定刀间距宽，在甘蔗叶原料含水率低时，粉碎效果均有一定的保证，但甘蔗叶含水率高时，支撑条件差，且柔韧性较好，不易断裂和粉碎，使粉碎率显著降低；而定刀间距小，有利切割与粉碎，粉碎效果好，但定刀间距过小，定刀与甩刀易发生碰撞，进一步造成部件损坏，因此，定刀间距可选择约为 60 cm。

6）拖拉机行驶速度对捡拾率和粉碎率性能的影响。

在不同甘蔗叶含水率条件下，不同机具行驶速度对比田间试验结果见图 4-39。

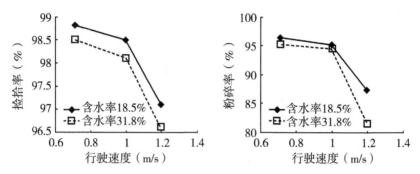

图 4-39 拖拉机行驶速度对捡拾率和粉碎率性能的影响

可见，机具行驶速度与捡拾和粉碎性能相关，行驶速度越高，捡拾率和粉碎率也就越小。且在甘蔗叶原料含水率低时，其捡拾与粉碎效果均有一定的保证，但甘蔗叶含水率高时，其质量也就增大，单位时间喂入原料量显著增大，使捡拾率和粉碎率显著降低；而行驶速度低，单位时间喂入量显著减少，有利捡拾与粉碎，其捡拾与粉碎效果均好，但作业效率降低，作业成本大大增加，因此综合考虑确定机具行驶速度为 1.0 m/s。

（5）多因素试验

为进一步明确各单因素对甘蔗叶粉碎还田机性能的影响的强弱程度，对线速度、拖拉机行驶速度、定刀间距和甩刀离地间距进行四因素三水平的正交试验 $L_9(3^4)$，因子水平编码表和试验设计见表 4-7。

表 4-7 试验水平编码

水平	A 线速度（m/s）	B 行驶速度（m/s）	C 定刀间距（cm）	D 甩刀离地间隙（cm）
1	52	0.70	40	12
2	48	1.0	60	20
3	42	1.20	80	25

为获得实验结果，需对原始实验数据进行二次处理，主要有以下分析。

1）极差分析。

极差分析是通过简单的计算和判断，求得试验的优化结果。计算公式为：

$$R_j = \max[\overline{k_{j1}}, \overline{k_{j2}}, \overline{k_{j3}}] - \min[\overline{k_{j1}}, \overline{k_{j2}}, \overline{k_{j3}}]$$

式中：k_{ji} 为第 j 因素 i 水平所对应的试验指标；$\overline{k_{ji}}$ 为 k_{ji} 的平均值，由 $\overline{k_{ji}}$ 的大小可判断因素 j 的优水平，各因素优水平的组合即为最优组合；k_j 为第 j 因素的极差。

2）方差分析。

方差分析能评估试验误差并判断试验因素的主次与显著性，给出试验结论的置信度，同时确定最优组合及置信区间。其计算过程为：

$$s = \sum_{j=1}^{a} (k_i - k)^2 = \sum_{i}^{a} k_i^2 - \frac{1}{a} \left(\sum_{i=1}^{a} k_i \right)^2$$

$$s = \frac{a}{b} \sum_{i=1}^{b} (k_{ji} - k)^2 = \sum_{i}^{a} k_i^2 - \frac{1}{a} \left(\sum_{i=1}^{b} k_i \right)^2$$

式中：s 为总偏差平方和，列偏差平方和 k_i（$i=1$，2，3）及相应的自由度 f 和 f_i；总平方和的自由度 f 等于正交表的试验号 $a-1$，即 $f=a-1$；第 i 列偏差平方和的自由度等于该列水平数 $b-1$，即 $f_i=b-1$。

3）显著性检验。

试验中采用 F 检验法对因素进行显著性检验，如 A 因素的 F 比为：

$$F_A = \frac{S_A / f_A}{S_e / f_e}$$

式中试验误差的偏差平方和 S_e 和自由度 f_e 分别为：

$$S_e = \sum S_i$$

$$f_e = \sum_{c} f_j$$

4）重复试验显著性检验。

通常等水平多因素试验用 $L_a(b^c)$ 正交表进行试验方案设计，如果每项试验重复 n 次，则实验数据的总偏差平方和 s 及其自由度 f 为：

$$s = w - p$$

$$f = aT - 1$$

$$w = \sum_{i=1}^{a} \sum_{t=1}^{T} k_{it}^2$$

$$p = \frac{1}{aT} \left(\sum_{i=1}^{a} \sum_{t=1}^{T} k_{it} \right)^2$$

式中：k_{it} 为第 i 号试验的第 t 次重复试验的结果，$t=1$，2，…，T。

多因素试验四因素三水平的正交试验方案见表 4-8。

表 4-8　正交试验方案

试验号	A	B	C	D	捡拾率（%）	粉碎率（%）
1	1	1	1	1	98.8	95.2
2	1	2	2	2	97.6	94.6
3	1	3	3	3	96.9	92.3
4	2	1	2	3	96.6	92.1
5	2	2	3	1	98.6	93.3
6	2	3	1	2	96.9	93.8
7	3	1	3	2	96.4	83.6
8	3	2	1	3	96.7	81.5
9	3	3	2	1	96.6	84.1
k_1	293.3	291.8	292.4	294	因素主次	
k_2	292.1	292.9	290.8	290.9	$D>A>B>C$	
k_3	289.7	290.4	291.9	290.2	$k_1+k_2+k_3 = 875.1$	

（续表）

试验号	A	B	C	D	捡拾率（%）	粉碎率（%）
R_1	3.6	2.5	1.6	3.8		
k_4	282.1	270.9	270.5	272.6		因素主次
k_5	279.2	269.4	270.8	272.0		$A>D>C>B$
k_6	249.2	270.2	269.2	265.9		$k_4+k_5+k_6=810.5$
R_2	32.9	1.5	1.6	6.7		

分析结果见表4-9及表4-10。

表4-9 捡拾率方差分析

方差来源	平方和	自由度	均方	F	$P_r>F$
A	16.74	2	8.37	358.71	<0.0001
B	1.52	2	0.76	32.57	<0.0001
C	0.86	2	0.43	18.43	<0.0001
D	6.62	2	3.31	141.86	<0.0001
Error	0.42	18	0.02		
Total	26.16	26		R-Square = 0.983 94	

表4-10 粉碎率方差分析

方差来源	平方和	自由度	均方	F	$P_r>F$
A	561.93	2	280.96	12 041.3	<0.0001
B	2.05	2	1.02	43.86	<0.0001
C	0.61	2	0.30	13.00	0.0003
D	0.85	2	0.42	18.14	<0.0001
Error	0.42	18	0.02		
Total	565.85	26		R-Square = 0.999258	

通过表4-10实验结果分析可知，对捡拾率来说甩刀离地沟间隙的极差最大，甩刀离地沟间隙是主要因子，其次是甩刀线速度，再次是机具行驶速度，最后是定刀间距。对于粉碎率来说甩刀线速度的极差最大，为粉碎率的主要因子，其次是甩刀离地沟间隙，再次是定刀间距，最后是机具行驶速度。因此，降低机具的行驶速度和提高甩刀线速度可以提高捡拾率和粉碎率，但相应地降低了作业效率和增加了能耗，提高了作业成本。而在一定的甩刀线速度和机具行驶速度条件下，减少甩刀离地沟间隙对提高捡拾与粉碎性能效果显著。因此，研制专用的集叶器或捡拾装置对改善机具的性能意义重大。

（6）田间试验与总结

通过虚拟样机机构校核和仿真分析，1GYF 系列机具粉碎机基本定型，经海南省农机产品质量监督检验站、农业部热带作物机械监督检验测试中心等实地监测检验，参照 Q/RJ 01—2008《甘蔗叶粉碎还田机》鉴定 1GFY 系列粉碎还田机合格。与国内外同类机型技术参数及性能比较，如表 4-11 所示。与现有机型相比，机身性能更稳定，捡拾率有所提高了 5%，作业效率提高 15%，粉碎后长度由 30 cm 或 25 cm 降低到 20 cm 以下，V 带使用寿命延长至少 1 倍，不损伤甘蔗头。

表 4-11　1GYF-150 型甘蔗叶粉碎还田机与国内同类机型技术参数及性能比较

项目	型号					
	1GYF-150	1GYF-200	1GYF-250	3SY-140	FZ-100	4F-1.8
生产率（hm²/h）	≥0.2	≥0.33	≥0.47	≥0.133	≥0.2	≥0.8
工件幅宽（cm）	150	200	250	140	100	180
捡拾率（%）	≥95	≥95	≥95	≥90	≥90	≥90
粉碎率（%）	≥95	≥93	≥92	≥80	≥80	≥80
粉碎长度（cm）	≤20	≤20	≤20	≤30	≤25	≤10
配套动力（kW）	36~58	58~73.5	75~85	36~58	36~58	58~66
工作可靠性	可靠	可靠	可靠	较可靠	较可靠	不可靠

三、甘蔗叶粉碎还田机使用说明

（一）安全注意事项

1）正确安装万向节总成。

2）严禁带负荷启动机具。

3）作业时机具前、后及侧边严禁近距离站人或跟踪。

4）机具运转时，严格控制提升高度，禁止猛提猛放。

5）严禁带负荷转弯或倒退，提升粉碎机应先停止动力输出轴。

6）机具在运转过程中，若有异常现象，应立即停机排除故障。

7）检查、保养和排除故障时必须停止机具运转。

8）机具在路上行驶或地块转移时，应先切断动力输出轴动力。

9）使用前齿轮箱内应加足齿轮油（出厂时齿轮箱内不加油），油面淹没主动齿轮 1/3 即可；并在各轴承润滑点加注高速黄油，包括粉碎轴两端轴承、变速箱输出轴轴承及张紧轮轴承。初次使用 40 h 后，应进行一次齿轮间隙调整。

10）每班作业前检查易损件，紧固螺栓螺母。较潮湿天气作业时需要及时清理前、后盖板内积泥，以避免振动大、刀具变形等，影响机具正常工作。

机具安全警示标志如图 4-40 所示。

| 机具旋转时，不得靠近动力输入传动轴，避免缠绕危险。 | 机具工作时，机具后方及周围严禁站人，以防抛物伤人。 | 机具作业时，请勿靠近。 |

图 4-40　机具安全警示标志

（二）安装说明

1）把万向节传动轴的两部分分别配合装入拖拉机和机具合适的位置上，用开口销把销钉紧固好。安装时注意不能敲击两个十字架的各处轴承，敲击产生的变形严重会影响万向节传动轴的寿命。

2）在拖拉机行驶合适的位置慢慢倒退插入传动轴，万向节如图 4-41 所示对肩安装，若安装不正确机具运行会引起很大的声响和振动导致机具部件的破坏。安装后的万向节应使机具在工作和提升时不顶死，在放下机具的状态下，如图中 H≥2 cm。万向节长度要求安装后重合 5 cm 以上且方轴不突出至母头的叉顶处，运转灵活、顺畅为宜。对准花键上开槽的地方插好销，并向油杯加注黄油。

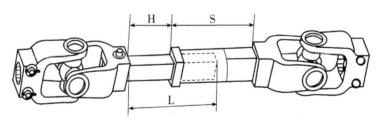

图 4-41　万向节传动轴安装示意图

3）拖拉机提升三点悬挂下拉杆至对准三点悬挂下面两点的销孔，安装销钉。由于机具运转速度高，拖拉机三点悬挂各处销钉连接的要求也相对提高。

4）在平整地面通过调整拖拉机悬挂机构调整机具的位置，机具提起状态下调节两提升杆，使机具水平方向平衡。调整下拉杆的两个紧固铰链，固定机具位置对中，用手侧推不发生晃动。

5）机具撤除支撑杆，在放下状态下调整上拉杆的长度和调节限位轮的高度调整机具的姿态。在平地上观察控制动刀离地最低距离为 12~15 cm，万向节传动轴基本水平。

6）安装完毕后试运行，观察拖拉机和机具是否运转正常，有关振动和声响是否正常。

（三）机具的调整

机具新安装或重新安装前，需要做整体检查保养，检查并拧紧各个紧固件。用黄油枪在各油杯加注黄油，在变速箱加注齿轮油，油面高度加至大齿轮 1/3 位置为止。使用后重新安装的机具，需要对各部分检查调整。部分调整方法如下。

1. 齿轮箱位置调整

调整齿轮箱位置需要先卸下传动皮带。对于单边传动机型，稍稍松开齿轮箱螺栓，利用连接处的长孔或者位置调整螺母调整齿轮箱位置，使传动轴和刀辊平行。简便的检验方法是使两 V 带轮外端面平行或者完全对齐。对于双边传动的机型，则使变速箱轴承和两端传动轴轴承成一直线。紧固齿轮箱螺栓后，用手转传动轴，转动平稳、流畅为佳。

2. 圆锥齿轮啮合印痕的检查及其调整

（1）圆锥齿轮啮合印痕的检查

先在大锥齿轮或小锥齿轮的工作面上，涂上一层均匀的红丹油，转动齿轮，看印痕大小及其分布，该项齿轮面的正常啮合印痕应是：其长度不小于齿宽的 40%，高度不小于齿高的 40%，且应分布在节圆附近稍偏大端。

（2）锥齿轮副齿侧间隙的调整

适当的齿侧间隙是齿轮正常工作的条件之一，间隙过小，则润滑不良；间隙过大，运转中产生较大的冲击和噪声。总之，都将导致齿轮加速磨损（表 4-12）。

表 4-12　锥齿轮副侧隙调整方法

印痕大小及分布情况		调整方法
	正常印痕	小锥齿轮正常的啮合印痕的长度应不小于齿宽的 40%，印痕的高度应不小于齿高的 40%，并分布在分度圆锥的素线附近，不需调整
	不正常印痕	减少轴承套环与中间箱体之间的调整纸垫，使小锥齿轮向箭头所示方向移动
		增加轴承套环与中间箱体之间的调整纸垫，使小锥齿轮向箭头所示方向移动

（续表）

印痕大小及分布情况		调整方法
	不正常印痕	减少中间箱体中第二轴左轴承盖与箱体之间的调整纸垫，将取下的垫片加到第二轴右轴承盖与箱体之间，使大锥齿轮向箭头所示方向移动
		减少中间箱体中第二轴右轴承盖与箱体之间的调整纸垫，将取下的垫片加到第二轴左轴承盖与箱体之间，使大锥齿轮向箭头所示方向移动

（3）齿轮间隙的测取方法

用熔断丝或其他软金属，弯曲成"S"形，置于齿轮非啮合面之间，按正常工作方向转动齿轮将熔断丝挤扁，然后取出，测量靠近大端处被挤压的厚度即为齿侧间隙。正常值为 0.26~0.65 mm，如果齿侧间隙超过 0.8 mm，即应调整。

（4）调整注意事项

调整锥齿轮啮合印痕和齿侧间隙时，当调整小锥齿轮时，其小锥齿轮轴前、后轴承压盖垫片的总厚度不得增减，即只能把一边抽去的垫片相应地加到另一边去。这样做是为了防止破坏已调整好的小锥齿轮轴承间隙。当调整大锥齿轮时，其左、右压盖端纸垫总厚度不得改变，即只能一端纸垫厚度减小，另一端则增加相应厚度的纸垫。这样做是为了防止破坏已调整好的大锥齿轮轴轴承间隙。

在调整过程中，当齿侧间隙与啮合印痕有矛盾时（啮合印痕合适而齿侧间隙不合适，或者相反），应以啮合印痕为准，可不保证齿侧间隙（但齿侧间隙不得小于 0.2 mm）。

3. V 带轮位置的调整

V 带轮位置出现不平行或者错位会降低传动 V 带的寿命和传动效率。首先，需要选用形位精度好的 V 带轮。通过调整变速箱位置可使两 V 带轮平衡。如果仍然有错位，可在 V 带轮内侧添加垫片。

4. V 带张紧的调整

由于 V 带使用一段时间后会发生磨损和伸长，适时调整张紧装置可以防止因为打滑而使 V 带加速磨损。

5. 刀辊的调整和检查

重新安装调整的刀辊可能出现转动不畅的情况，检查各个可能接触的零部件并调整其位置，使刀辊可以徒手转动。检查各个甩刀和定刀的相对位置，确保高速运行时动刀与定刀不发生相互碰撞现象。

6. 圆锥齿轮箱的调整

齿轮箱长期使用磨合，有可能发生松动的情况，应进行适当的调整。虽然齿轮箱外观不尽相同，但是一般都是通过调整垫片厚度和调节调整螺母的拧紧程度。齿轮箱轴承调整至能灵活转动又无明显间隙为好。齿轮啮合间隙可以用塞尺或用铅丝来检验，其正常间隙为 0.15~0.35 mm（沿圆周均布测量 3 次，取平均值）。

（四）机具的使用

1）场地要求。进行粉碎作业前需要进行场地调查和清理，要求没有石头、大块树根树枝等杂物，作业地块地头留 3~5 m 的宽度作为拖拉机拐弯回转地带。作业场地平整为宜，坡度不大于 15°。

2）机具初启动时要空负荷低速启动，空转 2~3 min 待发动机运行平稳达到额定转速后，方可进行带负荷前进作业。带负荷启动或突然高速启动则会因突然接合、冲击过大而造成动力输出轴和花键套的损坏，并且容易造成甘蔗叶堵塞等。空运转期间同时观察机具的振动和声响特征，以判断拖拉机和机具的运转状况。

3）作业时后三点调整为悬挂浮动状态。由于机具根据地形高低浮动，因而只能在平地里调整三点悬挂以控制动刀的离地高度。

4）作业速度以尽量利用拖拉机的功率，保持输出轴高转速，保证粉碎作业质量为原则作出选择和调整，一般采用慢三挡。

5）在甘蔗叶量过多的地方，拖拉机负荷过大时，可适当放慢拖拉机速度，必要时原地停止，使甘蔗叶充分粉碎后再继续前进工作。

6）新机安装运行 1 h，轴承和齿轮箱温升稳定后，观察和测定轴承温升是否符合要求，若温升过高即为轴承间隙过大或缺油所至，应及时调整或加油，应适当调整各轴承座位置，以保证粉碎轴的同心度。

7）在地面不平整的地方可稍稍提升机具通过，以防动刀打土，机具打土现象频繁则应重新调整机具姿态，提高动刀离地高度。

8）完成一行后在地头转弯时，放慢油门降低动力输出轴转速，同时稍稍提升机具使限位地轮离地进行转弯，同时严格控制提升高度，以免损坏传动轴。机具的升降应平稳，不宜过急过快，也不宜过高或过低，否则容易损伤机具。

9）作业中，应随时检查 V 带的张紧程度，以免刀轴转速降低而影响粉碎质量或加速 V 带磨损。

10）作业时机具附近特别是机具后方严禁近距离站人或跟踪，以免抛出的硬杂物伤人；机具产生振动、响声异常时，须立刻停止工作并检查排除。

11）在土壤较潮湿地块作业时需要及时清理机具内积泥缠草，否则会引起振动加大、刀具变形、加剧刀具磨损等，影响机具正常工作。清除积泥缠草或排除故障必须停机进行。

12）每班次工作后检查轴承和变速箱温升，检查紧固件连接和刀具状况，以及时排除故障隐患。

13）机具在路上行驶或地块转移时，应先切断动力输出轴动力，提起机具再行走。

（五）维修与保养

1）适时清理机具上和内部的杂物。检查并拧紧各连接处紧固件。

2）在各轴承润滑点加注高速黄油，主要包括粉碎刀辊两端轴承、变速箱输出轴轴承、张紧轮轴承、万向节传动轴的十字轴润滑点、地轮轴承等。

3）检查齿轮箱密封情况，静结合面不漏油，动结合面不滴油，必要时更换密封圈或油封。

4）检查动刀磨损情况，必要时应更换（每组动刀之间质量差应不大于10 g），以保持刀辊动平衡。

5）检查刀辊上各销钉的紧固状况，更换失效销钉。

6）检查万向节十字轴挡圈是否错位或脱落，必要时进行调整或更换。

7）新机具在使用50 h后需要更换变速箱的齿轮油，以后每季度工作后更换1次。

8）每季度使用后，彻底清理机上的杂物，清理机壳体内及各工作部件的泥土和杂物等并在各轴承润滑点加注高速黄油，主要包括粉碎刀辊两端轴承、变速箱输出轴轴承、张紧轮轴承、万向节传动轴的十字轴润滑点、地轮轴承等。

9）机器应停放在通风干燥的地方，避免日晒雨淋。传动V带应放松张紧轮或者取下置于阴凉干燥地方保存。

（六）机具的常见故障及排除（表4-13）

表4-13　甘蔗叶粉碎还田机常见故障分析

故障情况	故障原因	排除方法
作业质量差	①动刀磨损严重，机具工作一段时间后动刀磨损粉碎效果差 ②机具离地过高或者过低 ③刀辊转速不足，机具和拖拉机的转速设定不配合 ④行进速度过快 ⑤V带打滑或者翻转	①更换刀具 ②调整限位轮位置或调整上拉杆的长度改变机具姿态 ③调整V带轮的配比来调整 ④降低行进速度，一般选用拖拉机慢三挡 ⑤及时张紧或者更换V带
机具异常振动	①万向节传动轴安装不正确 ②动刀折断、脱落或者不均匀磨损 ③紧固螺栓有松动 ④轴承损坏 ⑤动刀与定刀等有碰撞 ⑥零件有断裂毁坏	①正装和调整角度使传动轴平行地面 ②及时增补动刀，每组动刀进行配重，尽量控制每组重量差不大于10 g ③及时拧紧 ④及时更换并注意加注黄油 ⑤检查并排除 ⑥检查排除并焊接加固

（续表）

故障情况	故障原因	排除方法
V带磨损严重	①机具负荷过大或刀具入土 ②动刀或者机体黏泥严重 ③V带长度不一致 ④张紧度张紧不够 ⑤V带轮位置不平行	①及时更换 ②立即清除 ③及时更换 ④调整张紧轮 ⑤调整变速箱位置，使V带轮平行，在皮带轮内加减垫片使其共面
变速箱杂音	①齿轮间隙不合适 ②齿轮磨损、断齿 ③齿轮箱缺油或加油过多 ④轴承配合不当或者损坏	①通过添加或去掉变速箱纸垫来调整啮合间隙 ②及时更换 ③检查油量及时添加或放油 ④应调整好轴承间隙或者更换轴承
刀辊轴承温升高	①缺油或油失效 ②机具振动太大，负荷过重 ③轴承间隙过大或者过小 ④轴承损坏	①及时加注高速黄油 ②检查解决 ③调整解决 ④更换

参考文献

陈建国，2002. 机引甘蔗多功能施肥机的设计与研制 [J]. 热带农业工程 (2)：7-11.

陈永光，阳慈香，林红辉，等，2010. 甘蔗耕整地农机作业标准化技术应用推广研究 [J]. 热带农业工程，34 (4)：24-28.

成大先，2008. 机械设计手册 [M]. 第五版. 北京：化学工业出版社.

葛畅，李明，韦丽娇，等，2016. 热区甘蔗叶机械化还田技术探讨与研究 [J]. 中国热带农业 (1)：32-34.

广西扶南东亚糖业有限公司，2011-10-19. 宿根蔗破垄施肥覆膜机：中国，201120076559. 4 [P].

广西农业厅糖料作物处，2007. "双高"甘蔗生产机械化技术 [J]. 农业开发与装备 (12)：43-45.

韩秀芳，高勇，谢宏昌，等，2010. 机械深松联合整地技术的作用及效益分析 [J]. 农机使用与维修 (1)：31-33.

郝建军，马跃进，刘占良，等，2005. 鞭式刀具的失效及火焰喷焊 NiWC 强化的可行性研究 [J]. 农业工程学报，21 (8)：74-77.

黄林，2019. 甘蔗深松整地技术推广应用浅析 [J]. 种子科技，37 (8)：37-38.

James G，1996. Effect of knife angle and velocity on the energy required to cut cassava tubers [J]. Journal of Agricultural Engineering Research，64 (2)：99-102.

姬江涛，李庆军，蔡苈，2003. 刀具布置对茎秆切碎还田机振动的影响分析 [J].

农机化研究（4）：63-64.

李明，2016. 甘蔗叶还田技术与模式 [M]. 北京：中国农业科学技术出版社. 112.

李明，王金丽，邓怡国，等，2008. 甘蔗叶粉碎还田机集叶器的设计与试验 [J]. 农业机械学报，39（3）：67-70.

李明，王金丽，邓怡国，等，2008. 1GYF-120 型甘蔗叶粉碎还田机的设计与试验 [J]. 农业工程学报，24（2）：121-125.

廖汉平，2010. 拖拉机动力输出轴标准分析及探讨 [J]. 机械工业标准化与质量（5）：36-40.

林红辉，王强，黄朝伟，等，2015. 甘蔗叶粉碎还田机的使用技术 [J]. 农业机械（3）：123-125.

刘建荣，谭雪广，刘胜利，等，2014. 华海公司推广蔗叶还田与机施石灰土壤改良效果初报 [J]. 中国作物学会甘蔗专业委员会第 15 次学术研讨会：29-33.

刘连军，黎萍，李恒锐，等，2013. 宿根甘蔗地膜覆盖试验研究 [J]. 中国热带农业（1）：48-49.

鲁力群，2004. 深松旋耕沟播联合作业机试验研究 [D]. 北京：中国农业大学.

陆绍德，2005. 3GDS-3 型甘蔗多功能施肥机研制与推广应用 [J]. 现代农业装备（9）：101-104.

马跃进，郝建军，申玉增，等，2005. 根茬粉碎还田机灭茬甩刀喷焊 NiWC 工艺优化 [J]. 农业工程学报，21（2）：92-95.

毛罕平，陈翠英，1995. 秸秆还田机工作机理与参数分析 [J]. 农业工程学报，11（4）：62-66.

孟海波，韩鲁佳，刘向阳，等，2004. 秸秆揉切机用刀片断裂失效分析 [J]. 农业机械学报，35（4）：51-54，87.

莫荣旭，2015. 广西甘蔗机械化 [M]. 南宁：广西科学技术出版社.

彭志强，2013-01-12. 甘蔗宿根深耕覆膜机：中国，2011201120522813.9 [P].

覃双眉，韦丽娇，黄敞，等，2015. 2CLF-1 型宿根甘蔗平茬破垄覆膜机的设计与试验 [J]. 广东农业科学，42（4）：157-161.

涂建平，徐雪红，夏忠义，2003. 秸秆还田机刀片及刀片优化排列的研究 [J]. 农业化研究（2）：102-104.

王鉴明，1985. 中国甘蔗栽培学 [M]. 北京：农业出版社.

王贵华，1999. 霜冻蔗区宿根蔗的膜前处置 [J]. 中国糖业（1）：46-47.

王贵华，2005. 浅谈四川甘蔗宿根高产栽培的几个技术关键 [J]. 亚热带农业研究，1（4）：42-44.

韦代荣，2013. 推广宿根蔗地膜覆盖机械化技术的必要性 [J]. 广西农业机械化（3）：12.

韦丽娇，董学虎，李明，等，2013. 1SG-230 型甘蔗地深松旋耕联合作业机的设计 [J]. 广东农业科学，40（13）：177-179.

文立阁，李剑桥，崔占荣，2006. 我国灭茬机具及其刀具的发展现状 [J]. 农机化

研究 (5)：10-13.

伍宏, 冯奕玺, 2005. 旱地宿根蔗提高单产的途径 [J]. 福建甘蔗 (3)：10-12, 9.

吴子岳, 高焕文, 张晋国, 2001. 玉米秸秆切断速度和切断功耗的试验研究 [J]. 农业机械学报, 32 (2)：38-41.

杨坚, 梁兆新, 莫建霖, 等, 2005. 3SY-140 型甘蔗叶碎叶机振动仿真 [J]. 农业机械学报, 36 (11)：68-71.

张华, 罗俊, 袁照年, 等, 2013. 甘蔗机械化种植的农艺技术分析 [J]. 中国农机化学报, 34 (1)：78-81.

张少军, 万中, 刘光连, 2011. V 带疲劳寿命最长的全局优化设计 [J]. 中国机械工程, 22 (4)：403-407.

张世芳, 赵树朋, 马跃进, 等, 2004. 秸秆还田机鞭式刀具的研究 [J]. 农业机械学报, 35 (2)：59-61.

赵大勇, 许春林, 刘显耀, 等, 2011. 1ZML-210 深松型联合整地机的研制 [J]. 黑龙江八一农垦大学学报, 23 (6)：12-14.

郑超, 廖宗文, 谭中文, 等, 2004. 深松对雷州半岛甘蔗产量的影响及其作用机理研究 [J]. 土壤通报, 35 (6)：809-811.

第五章 "互联网+"农机

"小康不小康，关键看老乡""农村绝不能成为荒芜的农村、留守的农村、记忆中的故园""在迈向现代化的进程中，农村不能掉队，在同心共筑中国梦的进程中，不能没有数亿农民的梦想构筑""中国要强，农业必须强；中国要美，农村必须美；中国要富，农民必须富""任何时候都不能忽视农业、忘记农民、淡漠农村"。以上关于三农问题的一系列论述，均出自习近平总书记。他对农业科技问题的关注，可以追溯到很早以前。习近平曾回忆说："1968 年我在陕北延川县梁家河村插队的时候，只不过是在全村搞了沼气化的科技活动，但却尝到了推广科技进步的甜头。"他认为，农业要强，就必须把科技兴农作为一项基本政策。2013 年 11 月，习近平在山东考察时指出，要让农业插上科技的翅膀，重视农业生产增产增效，农业机械园艺相互结合，农业生产与生态协调发展，进而让信息化、机械化、科技化、法治化作用于我国农业生产的全过程。习近平强调，要加快共建适应高产高效、优质安全、生态农业发展需求的技术体系。在当地农科院召开座谈会时，习近平表示："科技进步是我国农业实现现代化的必由之路，我们要依靠和重视农业的科技进步，走内涵式发展道路。矛盾和问题是科技创新的导向。要适时调整农业技术进步路线，重视农业科技人才队伍和新型职业农民的培养。"在"互联网+"行动计划提出后，习近平多次强调重视发展"互联网+农业"，并作出系列指示，他认为确保农业的基础性地位是"互联网+"农业得以发展的大前提，利用"互联网+"所提供的的科技化、信息化手段保障农产品质量，确保粮食安全。用"互联网+"提供给农业的经营平台促进农业增产、农民增收。加快建立现代农业产业体系，延伸农业的产业链、价值链，促进三产融合。

第一节 概 述

农机是我国现代农业发展的重要物质技术装备产业，通过信息技术强化农机装备的建设条件，有助于改变和创新农机行业的生产方式、发展模式、产业形态、组织方式和发展格局，这对进一步夯实中国农业发展的产业基础，巩固和提高农业综合生产能力具有重要意义（李瑾 等，2017）。

2015 年政府工作报告中李克强总理首次提出制定"互联网+"行动计划，紧接着的中国互联网大会农业互联网高峰论坛上，"互联网+农业"成为关注的热点。"互联网+"的提出给中国经济发展提供了新思路，推动着传统行业的转型升级，农业作为百业之根本，与互联网必然产生交集，"互联网+农业"势必成为现代农业的主导和未来农业的发展方向，"产业互联网"的时代已经到来（侯飞飞，2016）。针对当前农机行业研发体系薄弱、农机产业发展层次低、农机能手缺乏、农机应用不成熟等问题，"黄金十年"之后，农机如何再发力，信息化引领农机发展势在必行。"互联网+"行动计划、《中国制造 2025》《智能制造重大工程（2030）》等重大战略的实施给农机发展创造了良好的机遇，通过"互联网+"和农机的紧密结合，探索两者融合后形成的新业态的产业链内涵、特点、模式，并针对存在问题提出有效建议，这对于挖掘"互联网+"农机发展新潜能，加快提升农机的智能化、自动化、精确化发展具有一定的指导作用。

一、相关理论综述

国外针对互联网促进产业融合方面的研究，基于较为系统的信息学和产业组织学等学科理论，成果相对系统而深入。国内针对这个较新的前沿领域，主要基于互联网的农村产业融合现状、实践、模式等方面开展初步研究。关于产业融合方面的理论研究，国外已形成了以梅森、克拉克等哈佛学派，以施蒂格勒、德姆塞兹等芝加哥学派，以泰勒尔、施瓦茨等新产业组织学派以及以强调中间性组织的新制度学派的产业融合理论。随着信息技术的进步，进入 20 世纪 80 年代以来，关于本领域的研究率先出现在媒体、电信和信息服务等领域，各领域研究出现了交叉融合现象，并开启了产业融合内涵特征的研究。

随着互联网在产业融合的作用显现，国外在该领域的研究多集中在数字融合、产业组织方式变化、产业融合经济效应、产业主体技术选择、业态创新的技术选择，研究方法多选择经济学模型与典型案例相结合。如 Nyström（2009）从技术融合角度分析了互联网对产业发展的影响，认为通过信息技术的融合在新型业态发展中将对核心能力的评估、角色地位转变、合作伙伴的选择具有重要作用；Kim 等（2015）认为技术创新将带来产业融合，通过点态收敛发现信息的产业融合指数随着时间的增加而提高，而产业内部之间的融合度比产业间融合度要高。

国内关于本领域的研究多侧重融合机理、典型省份的案例实践、某种融合模式、对策建议等方面，研究方法主要有多元回归、描述统计、案例分析等。互联网技术融合、产品融合、业务融合和产业衍生等层次实现农村产业的跨界融合。在融合模式创新与业态创新上主要通过物联网、大数据、移动互联等"互联网+"技术体系，形成以电商商务、智能农业、个性化定制服务、农业众筹等为主的新型业态，"互联网+"休闲农业、"互联网+"现代种业、"互联网+"农机、O2O 等模式创新，形成了产业创新发展的生态系统（陈红川，2015）。

互联网正成为创新最活跃、渗透最广泛、影响最深刻的领域，以跨界融合为特征的

"互联网+"正以前所未有的速度重组农村产业体系、重塑农业发展模式，推进农村"六次产业"的发展。已有研究多集中于表层，深入研究少，需要根据具体产业链发展进行深入分析与梳理。

二、"互联网+"农机概念

农机产业即指以现代农机装备应用为先导，以农业机械装备制造为核心、以农机服务为辅助的农机工业产业体系。据《中国农业机械工业年鉴2015》统计，截至2014年底，全国农机总动力达到10.81亿kW，全国主要农作物耕种收综合机械化率达到61.6%，农业机械化作业服务组织达到17.51万个。农机装备结构进一步优化，农机作业水平持续快速提升。

"互联网+"以互联网的思维逻辑、价值理念及运营方法为主导，利用互联网平台、信息通信技术、智能化技术、大数据技术等信息技术，将互联网与传统行业进行深度融合，对传统产业资源要素及生产方式等进行重组，形成以互联网技术为工具的新的经济发展业态，从而进一步提升传统产业价值（赵振，2015）。

"互联网+"农机是指以农机智能装备为载体，将现代信息化技术融入农机研发、应用、推广和服务的各个阶段，通过"互联网+"推进研发网络化、生产智能化、推广在线化、服务实时化等，构建具有高端化、绿色化、智能化、协同化、融合化、服务化特征于一体的农机智能装备产业生态圈，实现互联网思维下的农机产业体系。

三、"互联网+"农机意义

解决农业发展的根本出路有3条：机械化生产、规模化经营；发展集约型和科技型农业；提高效率、降低成本和增加效益。"互联网+农机"是充分利用移动互联网、大数据、云计算和物联网等新型信息技术与农业的跨界融合，是基于互联网平台的现代农业新产品、新模式与新业态的一种创新。"互联网+"计划驱动各类资源涌入农业，推动了信息技术与现代农机的跨界融合，打造农业发展的新引擎，培育和催生农业发展的新动力，形成农业发展的新模式。

"互联网+"极大地提升了智能农机信息服务的发展。"互联网+农机装备研发制造"实现农业生产全过程的信息感知、智能决策、自动控制和精准管理，使农业生产要素的配置更加合理化，农业从业者的服务更有针对性，农业生产经营的管理更加科学化，也是今后现代农业发展的重要特征和基本方向。"互联网+"促进农机作业质量和效率，"互联网+"集成智能农机信息服务体系，提升了智能农业和农村信息服务质量。

"互联网+农机"的科学结合，加快实现了管理服务的现代化、高效化和规范化，全面提高了农机化科学决策、监督管理和政务服务水平。农机从生产、使用、管理和服务与"互联网+"的融合如图5-1所示。

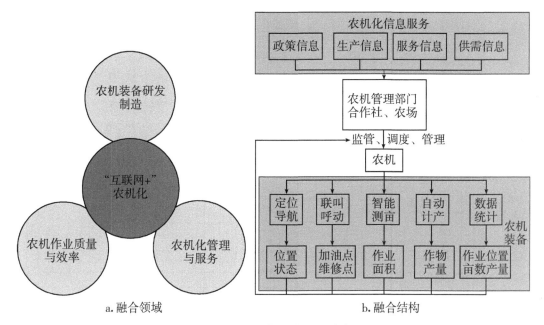

a.融合领域   b.融合结构

图5-1 "互联网+农机"融合

四、"互联网+"农机产业链剖析

农机产业链主要包括高端研发、产品制造与中试、市场推广与售后服务等关键环节，参与主体包括科研院所、高校、农机制造企业、农业生产基地、农技站、政府部门等，在政策扶持、科技支撑、联盟参与、品牌培育、国际合作等共同作用下推动农机制造向高端化、信息化、集聚化发展（图5-2）。

（一）产业链上游——高端研发

农机的高端研发主要是指涉农科研单位、高校和农机企业进行的农业传感器、光电控制系统、管理应用软件、机器视觉技术、无损检测技术等农机具及部件的研制开发活动总称。农业传感器主要包括农业气象信息传感器、动植物生理信息传感器、农业水体信息传感器、土壤信息传感器、多功能复合传感器，以及农业机械参数调控传感器等。光电控制系统主要研究与农机装备和设施相关的智能监测与控制技术、基于作业对象的智能检测与决策技术、生产环境智能化复合控制技术，开发自动调控与执行系统、故障诊断系统、自动导航与驾驶系统、作业过程参数优化与质量调控系统、水肥药变量施用系统、总线控制系统等。管理系统与软件研发主要研究农业机械系统开发软件系统、设施农业系统软件、大田农业系统软件、养殖业系统软件、林业系统软件、水产养殖系统软件、农产品采购交易软件、农产品储运软件、农产品质量追溯与监管软件等。农业航空应用技术、机器视觉技术等航空植保作业监管与自动计量系统、无人机精准喷洒与控制系统等。

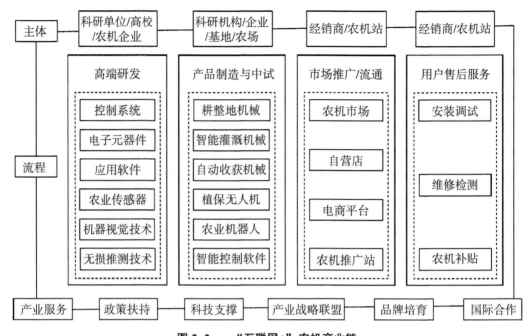

图 5-2　　"互联网+"农机产业链

（二）产业链中游——产品中试和应用

农机中试和应用主要是指农业科研机构、农机企业和农户将研发出来的农机具投入实际生产过程。包括农用自动导航拖拉机、耕整地机械、联合收割机械、智能播种栽植机械、植保机械、智能灌溉机械、农业机器人等田间种植类智能农机产品。除此之外还有自动饲喂机械、农产品加工机械、农业运输机械等的制造，以及在已有种养殖基地、农场或农业科技园区进行的产品中试。

目前我国市场对于农机设备和农机服务需求量较大，但现有的技术装备还无法满足社会需求。据统计，市场的国产农业装备中，中低端的农机产品占 90% 以上，并且缺少符合中国农业特点的机械技术创新。我国农机行业的竞争格局整体存在小而分散的缺点，高端农机仍依赖约翰迪尔、久保田和凯斯纽荷兰等国际巨头农机制造商。目前，农机工业前 50 强企业均是主机生产企业，其中前 6 位企业山东时风、中国一拖、福田雷沃、江苏常发、山东五征、山东常林是生产农用动力和运输机械的国内主要企业。收获机械主要企业有福田雷沃、洛阳中收、江苏沃得、奇瑞重工、中机南方、山东金亿、山东巨明、山东大丰等国内企业。农机具企业主要有现代农装、河南豪丰等国内企业。约翰迪尔、凯斯纽荷兰、爱科、久保田、马恒达、克拉斯、雷肯等国外企业，主要以拖拉机为主，配套相应的耕整地和播种、牧草等农机产品进入中国，在高端装备、高性能装备方面瓜分着国内农机市场。

（三）产业链下游——市场推广与服务

传统农机产品的推广和流通主要依托农机经销商和基层农机推广站，农机经销商进驻当地农机流通市场向农民销售农机产品。"互联网+"与农机的结合使得农机电商成为可能。另外，作为产业链末端的农机推广与销售服务，基于物联网技术实时获取农机作业位置、速度、时间、航向、工况参数、作业任务管理、作业量统计等各方面数据，实现包括农机定位导航、农机调度、农机数据收集、农机故障呼叫及智能诊断等服务内容，实现农机服务的远程化、实时化、智能化、系统化管理，从而增强农机跨区作业的准确性和快捷性（王姝 等，2014）。

第二节 "互联网+" 农机产业链融合模式优势

目前，全球农机已进入信息化时代，互联网技术已渗透到农机的研发、应用、销售、服务等各环节，实现了"互联网+"与农机的深度融合，各个环节的组织方式、资源要素配置方式等出现了整合和重组，这深刻地变革了农机的研发生产方式、销售渠道模式和服务途径方式等，由此出现了一些"互联网+农机"的新业态和新模式。

所谓"互联网+农机"就是充分利用互联网、云计算、大数据、物联网、卫星定位等现代的计算机应用技术与农机化生产的实际深度融合，从而推动农机管理行业的技术进步，提高农机化管理的水平，实现农机化管理工作向全程、全面、高质、高效的方向快速发展。"互联网+农机"在促进农机化管理进步的同时，坚持创新、协调、绿色、开放共享的发展理念，充分利用好"互联网+"技术对农业的产业升级带来的影响，实现农机的现代化管理和加快实现农业的产业升级相结合，加快完成农业的转变生产方式，调整农业的产业结构的中心任务，为智慧农业的发展，绿色食品的网上销售和质量溯源监管提供方便，充分发挥各类新型经营主体的作用，助力农业供给侧的改革，培育新的农业经济业态，激发和释放农村经济发展活力，加快推动我国由农业大国向农业强国转变。因此，"互联网+农机"还能间接起到促进农业增效、农民增收和农村繁荣，积极推动农业现代化发展进程的良好效果。

"互联网+农机"对于我国农业现代化影响较大。一方面，"互联网+"促进了专业化分工、优化资源配置，并提高了劳动生产率等，是推动我国农业农村现代化发展的利器；另一方面，"互联网+"通过便利化、实时化、感知化、物联化和智能化等手段，为农机推广、农村管理等提供精确、动态和科学的全方位信息服务，成为现代农业跨越式发展的新引擎。

一、通过"互联网 +" 融合汇聚科技资源，实现分布式网络协同研发模式

我国农机产业的研发主体有涉农科研单位、高校和农机企业，其中，生产企业是主体，科研机构和高校所占比重很小。传统的农机行业，由于市场竞争的压力，农机研发同行企业之间往往把自身研发出来的农机产品技术作为赢取市场竞争的手段和壁垒，因此，农机技术研发呈现的是企业间各自为战，技术分割的状态，难以形成交流共享局面。而在"互联网+"的大背景下，这种各自为战的技术研发体系被打破，取而代之的是众创众筹、众包众设的模式。

互联网本身是一种技术和手段，它通过倡导这样一种商业模式：通过互联网广泛地融合和吸纳各个组织所具有的核心技术产品和服务，使大量的参与者在一个参与者网络中持续地使价值重构和创造（王姝 等，2014；罗文，2015）。正是在这种模式下，农机装备的研发通过互联网的开放式网络平台，将农业生产对农机的需求进行汇总，并将线下各类农机研发主体的资源和技术进行集聚，将全国范围内的企业间的技术和资源作为总体加以整合和重构，实现各地分散化协同 研发、生产、应用和服务，形成分布式网络化众设、众包模式。"互联网+"农机推动了农机研发生产模式的创新，推动了农机生产组织形式的变革，推动了农机产业结构的转型升级和优化。

二、创新农机智能装备互联网营销渠道，实现农机电子商务 O2O 推广模式

互联网思维应用于商业模式带来的是一次划时代的变革，价值增值方式由传统的增强产品的使用 价值变为通过互联网强化顾客对产品使用价值的体验和感知。互联网与农机的融合发展消除了农机生产和销售的中间环节，降低了成本，大大拓展了农机的销售渠道和盈利空间。在农机推广和流通领域，互联网与实体经营相结合形成了"线下—线上""电商+农机企业+金融"的全新农机电子商业模式，出现了"线上集客，线下体验；线上订购，线下交车；线上交易预约，线下实体服务；线上互动，线下活动；线上承诺，线下实现"5 个 O2O 结合点。

通过互联网电子商务与农机的嫁接与应用，将传统农机销售搬上互联网平台，农民用户不出家门 即可实现农机产品实时在线查询、对比、咨询、选购等环节，选购适合自身生产需求的农机种类，并享受送货上门、即时安装、维护保养、农技指导等线上线下一体化服务模式的标配，解决客户从有购机意向到农机应用整个过程 1 对 1 的引导工作，这有助于解决用户农机购买信息不对称、售后服务欠佳，农机生产商仓储和库存成本高等难题。如 2015 年 9 月，京东、宜信、农机 1688 网以"电商+农机企业+金融"的合作模式在京东农资电商 频道上线"农机专营店"，打造了农机线上销售、运输、售后、金融一条龙服务的农机电商平台，填补了我国农资电商领域内农机产品品类的空白。这些农机电商企业的发展，将进一步拓宽农户购置农机的渠道，减少其交易成本。

三、通过农机跨区作业信息系统，实现数据化在线化服务模式

传统的农机调度模式，农户只能靠往年的电话联系或者路上拦截农机手。随着全国各地农机的快速发展，农机保有量高速攀升，这给全国农机的高效合理利用和管理带来了一定困难。利用互联网、物联网、云计算、大数据等技术搭建全国、区域间的农机管理系统，可以实现农机跨区作业服务的数据化和在线化。

一方面，管理部门可根据农机的智能终端设备实现实时跟踪监控农机的位置，详细了解农机的作业情况、计算作业面积及地块信息，实现对农机生产调度、在线远程监测、数据传递、应急管理、故障申报接收、远程教育培训等服务，保障农机的统一调度、协调管理（张颖达，2013；董洁芳，李斯华，2015）。另一方面，具有互联网思维的农户，通过农机作业 App 软件，可以把自家农产品作业面积、地理位置等信息上传

到大数据信息处理平台上。一些新型的农机手则通过微信、农业相关方面的手机 App，开展"微信平台+订单农业""个人网页+供需信息""手机 App+叫车服务"等服务形式，农机手根据订单预约时间去工作，或者实时掌握区域农机的空白期，或实施"抢单"操作，通过互联网农民和农机实现供需信息交流，大大提高了农机作业效率和农机手的收益，同时实现了服务的实时化、便捷化。如中国农业机械化信息网、农机 360 网、江苏省的平安农机通等。

四、借助大数据，实现云端制生态管理模式

为适应农机生产形势发展的需要，必须改变传统的农机安全管理方式，实时掌握农机动态，提高农机管理水平和服务能力势在必行。通过建立全国或者地区农机云平台，利用"互联网+"对全国农机信息数据进行动态、及时采集，并利用云计算、大数据等新一代信息技术进行分析和集中式管理，从而构建包括全国农机信息管理、农机人员考核、农机事故处理、补贴发放、农机安全生产宣传等在内的基础数据库的云端制生态管理模式（吕开宇 等，2016；冯献 等，2016），实现政府管理部门对全国农机运行状况的精确掌握，实现农机监测预警、农机市场监管、农机信息服务等功能。同时平台数据可实现协同和共享，各类市场主体及生产用户都可以查看，形成资源共享局面。

第三节 "互联网+"农机产业链的制约瓶颈及发展对策

一、"互联网+"农机产业链的制约瓶颈

目前，"互联网+"技术虽然已经渗透到农机研发、生产、销售直到服务的每个环节，但作为刚刚开始步入工业 4.0 变革的农机行业，如果要获得长足发展，还需要解决一系列瓶颈问题。

（一）农机智造核心技术及标准缺乏，技术研发水平亟须提高

目前，与发达国家相比，我国农机智能装备制造产业发展基础和共性技术薄弱，产品的档次、技术含量及附加值等总体偏低，产品在可靠性、精度等方面有一定差距，技术创新能力薄弱，在一些关键领域、核心技术储备不足，很多靠进口，比如新型传感、先进控制、核心元器件、高档数控系统等仍然受制于人。又如机器人精密减速器、控制系统等机器人关键零部件以系统集成应用为主，这直接导致缺乏核心竞争力、同质化竞争严重（王影，冷单，2015）。

另外，农机智能制造关键技术的标准规范缺失，传感器、云计算、大数据、物联网等技术的运用是实现农机智能化的关键，然而这些核心技术之间以及各个研发主体研发的技术之间的规范并没有一个统一的标准，以至于整机应用标准以及很多零部件标准通用性和互换性差，国际采标率仅 70%。因此，物联网技术的标准化、规范化、普及化

应用发展受到制约，造成不同的农机企业产品以及产品不同类型之间的匹配性较差，集成难度高（葛文杰，赵春江，2014；赵升吨，贾先，2017）。

（二）农业经营主体受教育程度低，农机使用主体原始动力尚未激发

农机的主要消费者是农村从业人员，但是由于农村主要经营主体文化素质偏低，初中文化程度占 50% 以上；从年龄结构上看，40 岁以上的人占了绝大多数，达到 88.61%。农业从业人员的文化层次和年龄结构决定了农民对互联网新知识的学习与使用意识和能力不高，而我国目前获取信息的渠道逐渐由过去的口头传播向互联网发布转变，这严重影响了互联网技术和农机知识技能在农业生产中的应用普及率（李瑾 等，2011；万宝瑞，2015）。

根据中国互联网信息中心（CNNIC）于 2016 年 7 月发布的《中国互联网络发展状况统计报告》显示，截至 2016 年 6 月，我国网民中农村网民仅占 26.9%、农村互联网普及率为 31.7%。究其原因主要是由于教育程度低，对互联网知识缺乏认知。在使用互联网的制约因素中，"不懂电脑/网络" 比例为 68%，年龄太大/太小占比为 14.8%，有 13.5% 的农民表示由于农事繁忙没时间上网，而不需要/不感兴趣占比为 10.9%、没有电脑等上网设备占 9.5%、当地无法连接互联网占 5.3%。在 "互联网+" 的大环境中，亟须解决生产经营主体信息技术应用短缺问题，调动和培育农户使用互联网的积极性，让农户体验到该项技术的优势，然后逐步推进农机的广泛使用。

（三）农机智能装备产业发展层次较低，产业基础薄弱

国外发达国家的农机装备产品普遍具有大型为主、成套装备、智能舒适、高效等特点。欧美发达国家五大农机制造公司，美国的约翰·迪尔公司和爱科公司、意大利的凯斯纽荷兰公司、日本的久保田株式会社、德国的克拉斯公司，他们占据全球拖拉机 70% 左右的市场份额，以及近 90% 的联合收割机市场占有率，行业的专业化、集中程度非常高。

虽然我国农机总量快速发展，但巨大的人口基数仍使我国农机人均保有量处于世界平均水平之下，并呈现明显的结构性不均衡，小型机械较多而大中型机械较少、动力机械较多而配套机械较少。一些能耗高、技术落后的老式拖拉机及设备仍在使用，一机多用和高效复式以及能够综合利用的机械较少。农机智能装备虽已研发出最新技术和产品，但仍处于试验示范阶段，还没有开展商业化应用。如国家现代农业智能装备研究中心研发的水肥一体化设备、智能嫁接机、鲜果自动化采摘机器人、对靶施药、设施轨道运输车等农机装备，虽然研究成果已经相当成熟，但至今仍集中于区域试验阶段，未真正实现商业化（姜凯 等，2012）。因此，我国农机智能装备产业发展层次较低，产业基础薄弱。

（四）农机农艺还未紧密融合，制约了农机智能装备发展水平

农机农艺相融合是实现农业现代化的重要标志，是提高农机发展水平和普及率的必

由之路。目前，农机农艺融合问题仍未得到实质性破解，科研单位的科技研发与实际生产应用脱节，科研产品未能以实际生产条件为依据，农机智能装备在研发设计过程中缺乏对作物本身的耕作制度、种养品种、种养模式、农民种养殖习惯、种养标准化规范、农机作业区域等农艺问题，适宜不同作物、不同品种、不同区域的全程自动化、智能化的标准化模式尚未形成（辜松，2015）。同时，农机装备研发本身适应农艺的创新不足，制约了农机作业向更高水平发展。如果树种植中的采摘机器人，仅适合于平原地区种植使用，在山区则受到种植地形地势的影响。

二、"互联网+"农机产业融合发展对策

互联网思维中最重要的是互联、开放、平等、共享的理念，"互联网+"农机的推进是一个系统的工程，涉及农机研发、应用、推广和服务等众多环节。未来我国"互联网+"农机的融合和发展也必须强化开放、合作理念，"互联网+"农机产业链各个环节上涉及的各主体要实现跨界合作，凝聚农机化发展的合力，通过农机技术研发引领农机发展、通过中试应用不断改进农机性能、通过推广和服务提高农机普及率。

（一）打造公共研发平台，加强关键核心技术和产品攻关，提升农机研发水平

《中国制造2025》指出："农机装备作为重点研发领域之一，重点发展粮、棉、油、糖等大宗粮食和战略性经济作物育、耕、种、管、收、运、贮等主要生产过程使用的先进农机装备，加快发展大型拖拉机及其复式作业机具、大型高效联合收割机等高端农业装备及关键核心零部件。提高农机装备信息收集、智能决策和精准作业能力，推进形成面向农业生产的信息化整体解决方案。"利用"互联网+"打造一个开放式的研究平台，通过汇集社会的力量，形成网络众创众研，以此弥补单个单位的研究不足。

完善以国家为主导、企业为主体、市场为导向、政产学研用相结合的农机制造业创新体系。国家层面，通过瞄准未来农业发展需求，通过设置国家科技计划等项目定期制定发布农机制造业重点领域技术，支持关键核心技术研发。作为农机研发和生产主体的企业，通过建设国家技术创新示范企业和企业技术中心等强化自身技术创新的主体地位和能力，积极参与国家科技计划的决策和实施。

加强企业、科研院所和高等院校的结合，开展"政、产、学、研、用"五位一体的协同创新，加快成果转化。就目前我国农业发展阶段和需求来说，应围绕主要农田作业和养殖产业繁重劳动的农机要求，加快信息感知技术、智能控制技术在农机上的应用，大力发展中高端智能化农机装备，提高机电一体化技术水平。开展"互联网+"农机大数据的分析利用，使农机信息快速走上数字化、精准化、高效化和科学化的轨道。

（二）加强农民培训，提升经营主体信息化技能，提高农机应用效能

建立教育培训、规范管理和政策扶持"三位一体"的新型职业农民培育体系。针对农机技术的推广，重点加强专业技能型农机手和专业服务型农机服务组织的内容培训。首先，挑选一批基础条件好的农民进行专门的农机知识的职业教育培训，发挥乡镇村委会、科技特派员的作用，以远程教育与现场教育相结合方式，开展农机使用技术、

计算机和网络知识等各种信息咨询服务培训，推动互联网和农机知识普及与应用，从而提升农业经营主体素质，打造和培养一批有文化、懂技术、会应用的新型农机手队伍。

其次，据《中国农业机械工业年鉴 2015》统计，截至 2014 年年底，农业机械社会化服务组织服务农户数超过 4 500 户。因此，要进一步加强培育专业服务型农机服务组织，采取政策支持、财政帮扶等措施，扩大农村农机的社会化服务规模化和提升服务能力，不断提高农业生产科技化、组织化和精细化水平。

（三）加强规划布局，整合优势力量集聚重点领域，促进农机智能装备产业转型升级

当前，农机行业面临着良好的国家战略机遇，《中国制造 2025》规划的落实、"互联网+"计划的实施、"一带一路"倡议的推进给我国农机智能装备产业的转型升级提供了良好的机遇和空间。在此大好战略机遇下，首先，国家应统筹规划，对农机智能产业发展路径进行顶层设计。瞄准国家农机重大战略需求和未来产业发展制高点，编制全国农机智能制造发展规划、行动计划和路线图，确定智能装备的整体发展目标和发展战略。

其次，围绕农机智能装备产业的重大共性需求，定期研究制定农机智能装备产业的重点研究领域；规划建设农机物联网关键技术产业联盟、研发基地和产业化基地，并通过实施国家科技重大专项实现优势力量和重点研究领域的整合和集聚，从而形成农机智能装备产业的聚集效应，快递攻克一批对产业竞争力整体提升具有全局性影响、带动性强的关键共性技术，有效提升农机智能装备产业的整体水平和竞争力。

（四）建立农机智能装备和农艺融合的协调机制

农机农艺有机融合是影响农机发展速度和质量的重要因素，这不仅关系到先进适用农机技术的推广普及和应用，而且关系到关键环节机械化的突破。从农艺发展角度来讲，将智能农机具适应性作为科研育种、栽培和养殖的重要参考指标，研发高产优质，并利于实现生产全程智能机械化作业的新品种、新农艺、种植技术体系，有计划、有针对性地分批分类大规模的示范推广和应用装备与农艺结合紧密成套的作物品种、种植养殖方式和机型，形成智能农机和农艺相配套的技术体系。

在智能农机具研发方面，农机具产品的研发设计、制造及服务推广等环节要适应农艺技术要求，构建适宜不同作物、不同品种、不同区域的全程自动化、智能化的标准化模式，为智能装备作业创造条件。如甘蔗生产，应推进甘蔗标准化、规模化种植，在一定区域范围统一品种和种植模式，因地制宜研发甘蔗机械化收获技术路线和适宜机型，开展农机农艺技术集成配套，完善技术模式和机具配套方案。

（五）扩大和提高农机购置补贴范围和标准

农机具购置补贴金额及范围对于提高农民购买农机和农业机械化水平作用凸显。目前农机产品市场主要是"补贴市场"，事实证明，列入补贴范围的农机销售就好，没进入补贴的农机则相反。据《全国农业机械工业年鉴 2015》统计，我国农机主营业务收入在连续 10 年保持 20% 的高速增长之后，2014 年首次出现了增幅下滑的现象。其中，政策触发是增速下滑因素之一。

部分产品的补贴额度降低或被取消补贴等政策的调整，对局部市场有一定的影响。因此，要将实施农机购置补贴政策作为加快农机化发展方式转变的重要抓手，按照改革思路修订农机购置补贴资金管理办法和实施指导意见，扩大补贴种类，提高补贴标准。同时，要加大对购机补贴政策的宣传力度、以及政策落实的监督制度，做到补贴政策内容公开化、实施过程公开化、补贴结果公开化（胡凌啸，周应恒，2016）。

第四节 "互联网+"在农业生产中应用现状及发展趋势

目前，世界各国将互联网技术应用于农业实现融合创新已经取得积极进展。美国大农场成为农业物联网技术应用的主力军，日本大力发展适度规模农场的精准农业，澳大利亚以高速宽带网络建设为基础，发展高效生态农业。我国现代农业发展面临着前所未有的机遇与挑战，迫切需要利用高新技术增强农业生产力，实现农业跨越式发展（赵春江 等，2018）。

一、"互联网+"在农业生产中国内外战略布局

（一）政策布局

近年来，各国纷纷将"互联网+"现代农业发展作为本国农业建设的优先发展战略，出台了一系列重大战略措施。2013年，英国政府发布了《农业技术战略》政策报告，将建立农业信息技术和可持续发展指标中心作为战略的基础和最先推行部分，强调英国今后对农业技术的投资将集中在大数据上，英国的农业科技实现商业化，并打造成农业信息学世界强国。2012年，欧盟出台了《信息技术与农业战略研究路线图》，提出通过农场管理信息系统（FMIS），在种植业、养殖业领域发展精准农业、精准畜牧产业，重点发展室内环境自动控制、农产品质量自动控制和农业机器人等农业信息化技术，提升农业管理效率。2015年，日本发布机器人新战略，提出将围绕农林水产业等主要应用领域，启动基于"智能机械+IT"的下一代农林水产业创造技术（Realization Conference of Robot Revolution，2015）；2016年，投入40亿日元，开发20种不同类型的机器人以促进农场自动化。美国发起了网络与信息技术专项研究系列计划，布局机器人技术、先进制造业技术、生物监测等重点领域，利用自动控制技术和网络技术实现农业数据资源的社会化共享；2012年，美国政府公布了2亿美元的《大数据研究发展计划》，该计划提出通过提高美国从大型复杂数据中提取知识和观点的能力，加快科学与工程的研究步伐，加强国家安全。

我国自2005年"中央一号文件"首次提出农业信息化建设以来，信息技术与现代农业的融合就备受政府关注，并出台了相应的战略规划。《国务院关于积极推进"互联网+"行动的指导意见》（国发〔2015〕40号）提出了"互联网+"现代农业的战略部署，此后的《关于推进农村一二三产业融合发展的指导意见》（国办发〔2015〕93

号)、《"互联网+"现代农业三年行动实施方案》(农市发〔2016〕2号)、《"十三五"全国农业农村信息化发展规划》(农市发〔2016〕5号)、《中共中央　国务院关于深入推进农业供给侧结构性改革　加快培育农业农村发展新动能的若干意见》(中发〔2017〕1号)等文件均提出了大力实施"互联网+"现代农业行动。其中,《"互联网+"现代农业三年行动计划实施方案》指出,到2018年,互联网与"三农"的融合发展取得显著成效,农业的在线化、数据化取得明显进展,管理高效化和服务便捷化基本实现,生产智能化和经营网络化迈上新台阶,城乡"数字鸿沟"进一步缩小,大众创业、万众创新的良好局面基本形成,有力支撑农业现代化水平明显提升。党的"十九大"报告提出实施乡村振兴战略,强调要推动互联网、大数据、人工智能和实体经济深度融合。此外,中国在农业大数据、农业电子商务方面,也做出了相应的部署,"互联网+"现代农业顶层设计初步形成。

(二) 产业布局

从产业布局战略来看,国际农业企业巨头竞相实施"互联网+"现代农业全球产业布局,催生了农业大数据、智能农机装备、农业物联网等一批战略性新兴产业,企业兼并、重组、风险投资方兴未艾。

2013年10月,美国孟山都公司以9.3亿美元收购Climate Corporation;2014年5月,杜邦先锋公司与爱科集团(AGCO)合作,将自家的农场决策服务平台与爱科设备中的数据和农场管理信息进行无缝对接,通过大数据管理挖掘和精准推送,帮助农民提高农产品产量和利润,农业大数据进入实质性推动阶段;2017年9月,美国约翰迪尔农业机械公司以3.05亿美元收购人工智能初创公司Blue River,标志着农业机械行业巨头公司对人工智能研发公司的巨大重视,农业领域将逐步实现"智能化"。

在农用机械和无人机方面,2015年雅马哈植保无人机在日本的使用量超过2 500架次,由雅马哈无人机进行喷洒作业的稻田约占当地全部稻田的35%~40%;同年,日本雅马哈公司进军美国市场,成为美国首家获政府批准、可销售农用喷药无人机的公司。2016年,德国农牧业机械和农用车辆制造商CLAAS公司与德国电信股份公司开展合作,借助"工业4.0技术",利用传感器技术加强机器之间的交流,使用第四代移动通信技术、云安全技术和大数据分析技术,实现收获过程的全面自动化与信息化,引领精准农业尖端科技发展。

互联网思维正在对我国农业产业链进行全面的解构与重塑,从农业生产资料销售、信息中介服务、土地流转到农业生产、农产品销售,互联网巨头及具备互联网思维的新型农业经营主体从农业产业链上的各环节积极布局,探索各种全新的农业产业商业模式。中国复合肥研发生产企业——深圳市芭田生态工程股份有限公司先后收购农业信息化企业北京金禾天成科技有限公司股权,与农村淘宝、京东等电商平台进行深度合作,进行线上线下一体化运营,通过对农业种植"互联网+"领域的探索,从注重肥料生产和销售到把控产业链稀缺资源,从而构建生态农业、智慧农业的运营平台。国内农业机械装备制造领军企业——雷沃重工股份有限公司,充分运用"互联网+"思维,将制造业与信息化深度融合,相继建设了农机信息服务中心、阿波斯智慧农业解决方案、C2C

农机智能服务平台（房黎明，2016），实现了农业装备从制造到智造，再到智慧的升级。

二、国外应用现状

农业与互联网的深度融合是解决当前农业发展面临的"人口、资源、环境、市场"等多重约束问题，重塑农业发展格局和赋能农村发展的重要变革力量。为此，美国、德国、澳大利亚等国家纷纷将互联网与现代农业融合的技术、产业与应用作为提升本国农业竞争力的重要手段，并提上了国家现代化发展日程，取得了一系列突破性技术成果，涌现了一大批应用典范。

美国大农场成为农业物联网技术应用的引领者，在发达的农业网络体系基础上，美国69.6%的农场采用传感器采集数据，进行与农业有关的经营活动，农业机器人应用到播种、喷药、收割等农业生产中；在农场经营管理方面，利用互联网、移动互联网，农户实时了解农场的土壤结构、生长进度、灌溉施肥、农作日志、病虫害情况、环境气象信息（包括降水量、日照气温记录和热量积累等），以及农场的投入产出预算，并且可以预测收成、盈利预估和库存管理，大大提高了农场的科学化管理水平（毛烨 等，2016）。2015 年，美国在对精准农业技术的应用和分析过程中发现，应用增速最快的是无人机植保技术（Erickson，David，2015），智能农机装备市场也初具规模，表明美国在农机智能装备领域已经走在世界前列。

德国通过突破农业信息化和智能农业领域关键技术，形成了自身的技术优势，从利用计算机登记每块土地的类型和价值，建立村庄、道路的信息系统入手，到农作物害虫综合治理辅助决策技术应用，逐步发展成为目前较为完善的农业信息处理系统（孔繁涛 等，2016）。德国政府十分重视公共平台的建设，特别是育种信息化平台、新品种选育、新的栽培技术、优良家畜品种繁育以及病虫害防治技术等，已普及广大农民家庭企业。配备"3S"技术的大型农业机械，可在室内计算机自动控制下进行各项农田作业，完成诸如精准播种、施肥、除草、采收、畜禽精准投料饲喂、奶牛数字化挤奶等多项功能（袁梦 等，2017）。同时能够实现在同一地块的不同地方进行矢量施肥与喷药，确保药、肥的高效利用，避免环境污染（Panstian，Theuvsen，2017）。

日本为解决人多地少的局限，积极发展适度规模经营精细化农业生产方式，研发轻便型智能农机具（Nagasaka et al.，2004），利用无人机遥感进行农作物产量监测（Noguchi，2017），加强农业经营主体与信息技术提供商的合作，共同推进精准农业技术的普及与应用。目前日本已有半数以上的农户使用农业物联网技术进行农业生产，成为世界精准农业发展的代表国家之一。澳大利亚以高速宽带网络建设为基础，将互联网技术融入农村经济社会发展中，利用现代信息技术发展生态农业。澳大利亚国家信息与通信技术研究院（NICTA）利用 Farmnet 平台研发了各种便于农民使用的智能应用软件，农民可免费下载。澳大利亚农业与资源经济局建立了包括监测信息系统、预测系统、农产品信息系统等在内的农业综合信息服务平台，平台信息免费公开，实现了多部门间的高效共享（"互联网+农业"在国外是怎么做的，2016）。此外，多项目分析系统（MCAS-S）能够帮助有关部门进行评估决策。

印度在 IT 优势产业发展的基础上，政府积极推动电子农业的发展，建立了若干专业性的农业信息数据库系统，利用互联网平台向农民提供多形式、全方位的信息服务（苏畅，2016），其农产品电子商务销售规模占全国电子商务交易总额的 60%，大大高于许多欧美发达国家。目前，印度农产品网络交易平台已经覆盖印度 9 个邦的 36 000 个村庄，有大约 350 万印度农民使用网络交易平台销售农产品。农业行情信息系统和价格预测系统成为印度农业领域广泛应用的信息化服务系统（Gandhi，Mei，2002），通过经济学模型对农产品市场价格进行预测，降低因价格变动引起的风险。美国、英国、日本等发达国家由于网络基础设施完善，农产品流通在网络垂直应用和技术服务方面涌现出数字内容提供商、配菜上门、生鲜直供上门、网络预订、下一代 POS 系统、下一代采购平台等多种互联网化模式。

三、国内应用现状

自从 2013 年我国实施国家农业物联网区域应用示范工程以来，"互联网+"现代农业在大田种植、设施农业、水产养殖、畜禽养殖、种业等方面应用了一系列农业信息化关键技术产品及装备，实践探索了一批技术应用模式，在支撑现代农业发展方面取得了明显成效。

涉农服务平台数量和质量不断提高。目前，我国形成了金农工程、12316 三农综合信息服务平台、农产品质量安全追溯平台等以政府为主导的农业农村综合信息服务平台，以及佳格卫星遥感大数据平台、布瑞克中国农业大数据平台等以市场为主导的涉农专业服务平台，面向不同对象和应用主体提供包括政务信息、实用技术、市场信息、预警信息、生产数据等在内的各种服务。

在"互联网+"大田种植方面，互联网、物联网等技术在耕整地，农作物"四情"监测，农田水、肥、药精准施用，农用航空植保，农机管理与调度等方面实现了重大突破并得到应用。新疆生产建设兵团试点建立了棉花大田生产物联网技术综合平台，综合了田间滴灌自动控制、泵房能效自动监测、土壤墒情自动测报、田间气象环境监测、智能手机远程控制等功能（张振国 等，2015），人均管理定额由 50 亩提高到 300 亩，节水节电 10% 以上、节药 40% 以上、增产 8% 以上，亩均增效约 210 元。

在"互联网+"设施农业方面，通过智能监控、数据采集、远程传输、智能分析和自动化控制实现农业生产过程全程监控与管理，成为目前我国设施生产与标准化管理的有效路径，已经在大都市近郊区得到广泛应用，其中水肥一体化与环境监测控制应用最为广泛。天津大顺国际花卉股份有限公司（2016）利用温室环控系统、潮汐式灌溉系统、自动分级系统和自动运输包装系统，实现了花卉生产的自动化、智能化、规模化和标准化，$3 \times 10^5 \ m^2$ 温室内部的日常管理人员由 450 人减至 90 人，年节约人力成本在 1 000 万元以上。

在"互联网+"水产养殖方面，实现了水体环境实时监控、饵料自动精准投喂、水产类病害监测预警、循环水装备控制、网箱升降控制等信息技术和装备的推广应用（黄雅玉 等，2017），水产养殖装备工程化、技术精准化、生产集约化和管理智能化水平大大提高。上海奉贤区对虾水产养殖智能管理系统、无锡万亩水产养殖物联网智能控制管理系统、天津海发珍品实业发展有限公司的"基于物联网的海水工厂化养殖环境监测与控制"系统等的应用,有效地提高了水产养殖业的经济效益和产品质量。

在"互联网+"畜牧养殖方面,养殖环境实时监控、数字化生产记录、智能化物流管理、质量溯源平台等得到广泛应用(熊本海 等,2015)。安徽浩翔农牧有限公司应用养猪场生产管理系统、养殖环境监测系统、生猪疫情监控系统后,极大地改善了养殖环境,减少了养殖风险和资源消耗,经济效益显著提高;同样的饲养量,饲养人员可减少2/3,人均日饲养量由400头提高至1 200头,批次成活率由95.6%提高至96.85%,生猪价格提升了1/3。

在"互联网+"育种方面,2016年1月,国家农业信息化工程技术研究中心发布了具有自主知识产权的"金种子育种云平台",平台将物联网等信息技术与商业化育种技术紧密结合,集成应用计算机、地理信息系统、人工智能等技术,以田间育种材料性状数据采集和处理分析为基础,以数据统计和综合评判为核心,从亲本选配到品种选育进行信息化管理,实现大数据、物联网等现代信息技术与传统育种技术的融合创新。目前,该平台已成功应用于山东圣丰种业科技有限公司、湖南袁隆平农业高科技有限公司等大型育种企业,湖南岳阳农业科学研究所水稻国家区域试验站等农作物品种综合区试验站,以及天津市农业科学院、中农集团种业控股有限公司等科研单位和中小育种企业。

在"互联网+"农产品质量安全追溯方面,自动识别技术、传感器技术、移动通信技术、智能决策技术、物联网技术的不断发展为构建集全面感知、实时传输、智能决策为一体的农产品及食品全供应链追溯系统奠定了基础(毛林 等,2014)。目前,不仅实现了全产业链产前、产中、产后的全程追溯,实现有机生产的产前提示、产中预警和产后检测,还实现了基于蔬菜瓜果、畜禽和水产等不同特性农产品的追溯应用,涌现了天津放心菜基地管理系统、广州市农产品质量安全溯源管理平台等应用典范。

在农产品电子商务方面,各类生鲜平台不断上线,催生了阿里巴巴、京东等大型生鲜平台,中粮我买网、顺丰优选、每日优鲜等垂直电商,百度外卖、美团、饿了么等O2O服务模式以及微商等(吴卫群,李志新,2017),极大地满足了人们对生鲜食品日益增长的需求。天津市扶持培育了"食管家""津农宝""优农乐选""网通电商"等多家本地电商企业,以及"蓟县农品""际丰蔬菜""北辰双街电商村"等一批农产品网上交易应用试点,实现了网上选购、物流配送、电子支付等全程服务。

四、未来发展趋势

随着科学技术的不断发展,新技术、新理念与农业产业的融合不断加深,未来现代农业也将迎来深刻的发展变革,并呈现如下趋势。

(一)农业农村网络基础设施建设将更加完善

互联网在农村的应用将得到进一步普及。农村宽带基础设施进一步健全,农村家庭高速宽带基本实现全覆盖,4G网络加快提速降费,智能手机、无线设备等移动终端在农村地区得到广泛应用。5G技术和网络应用将不断成熟,虚拟网、移动设备将与人工智能、自动驾驶等跨界融合。未来5~10年,伴随移动互联网技术的不断成熟发展、电信普惠便捷服务以及质优价廉、简单易用农村移动终端的普及应用，移动互联网将成为农村网络基础设施的主流，为打造现代智慧乡村提供重要支撑。

(二) 生物信息学、人工智能、无人机植保等新技术革命将颠覆传统农业发展方式

随着高通量植物表型测量技术、人工智能以及传感器等技术的快速发展，信息技术与基因组学、生物信息学、大数据、控制技术等将进一步融合。利用农业遥感、数据建模、组学分析等新技术，对作物基因型—环境—表型关系深入解析，将为系统揭示作物表型形成规律与基因和环境调控机制、构建高效精准分子设计育种体系提供支撑，保障农产品安全有效供给。人工智能技术已成为科技界的中流砥柱，农业智能机器人、小型便携式智能农机、智能语音识别系统等一系列具有自主知识产权的装备和产品将广泛应用到农业全产业链中，大大提高劳动生产率和资源利用率。无人机植保将控制、导航、通信等技术高效集成，形成自动化作业技术体系，实现无人机植保全过程智能作业模式和智能化管理，能够极大地节省劳动力，更好地保护农田生态环境。

(三) 农产品销售互联网化趋势将更加明显

随着互联网技术的进一步普及和新兴中产消费群体的崛起，农产品销售互联网化程度将进一步提高，呈现全渠道融合、跨境电商化和产业生态融合等趋势。以新型农业经营主体为生力军、以电子商务为主流业态的创新模式将成为我国"互联网+"现代农业发展的重要切入点，驱动非标准化的农产品逐渐向信息化、标准化、品牌化的现代农产品流通市场转变。

(四) 农业大数据将为现代农业提供在线化、个性化、精准化的信息服务

农业大数据应用将不断向深度和广度延伸。利用大数据的技术挖掘体系和机器学习、自然语言处理等智能信息处理工具，自动发现、挖掘、预测用户的兴趣或偏好，实现个性化信息内容的关联与推荐。根据农户类型（种植、养殖、农业企业、农产品流通经销商等）和农户所处的基本情景（所处的地理位置、从事农业活动的季节等），向农户推送符合其需求的精准信息服务将成为农村网络化服务的重要趋势。基于"互联网+"的农业大数据应用服务以及可持续农业大数据产业商业模式与解决方案将成为现代农业向中高端迈进的重要产业生态体系。

参考文献

陈红川，2015. "互联网+"背景下现代农业发展路径研究 [J]. 广东农业科学，42
　（16）：143-147.
董洁芳，李斯华，2015. 我国农机作业服务主体发展现状及趋势分析 [J]. 中国农
　机化学报，36（6）：308-314.
房黎明，2016. 雷沃阿波斯发布智慧农业解决方案 [J]. 农机市场（11）：54.

冯献, 李瑾, 郭美荣, 2016. "互联网"背景下农村信息服务模式创新与效果评价 [J]. 图书情报知识 (6): 4-15.

葛文杰, 赵春江, 2014. 农业物联网研究与应用现状及发展对策研究 [J]. 农业机械学报, 45 (7): 222-230.

辜松, 2015. 我国设施园艺智能化生产装备发展现状 [J]. 农业工程技术·温室园艺 (10): 46-50.

侯飞飞, 2016. 基于 G1-犹豫模糊法的"互联网+农业"发展水平评价 [D]. 泰安: 山东农业大学.

胡凌啸, 周应恒, 2016. 农机购置补贴政策对大型农机需求的影响分析——基于农机作业服务供给者的视角 [J]. 农业现代化研究, 37 (1): 110-116.

黄雅玉, 鄂旭, 杨芳, 等, 2017. 水产养殖物联网系统集成与安全预警研究 [J]. 计算机技术与发展, 27 (9): 201-204.

姜凯, 郑文刚, 张骞, 等, 2012. 蔬菜嫁接机器人研制与试验 [J]. 农业工程学报, 28 (4): 8-14.

孔繁涛, 朱孟帅, 韩书庆, 等, 2016. 国内外农业信息化比较研究 [J]. 世界农业 (10): 10-18.

李瑾, 孙留萍, 郭美荣, 等, 2017. "互联网+"农机: 产业链融合模式、瓶颈与对策 [J]. 农业现代化研究, 38 (3): 397-404.

李瑾, 赵春江, 秦向阳, 等, 2011. 现代农业智能装备应用现状和需求分析 [J]. 中国农学通报, 27 (30): 290-296.

吕开宇, 仇焕广, 白军飞, 等, 2016. 玉米主产区深松作业现状与发展对策 [J]. 农业现代化研究, 37 (1): 1-8.

罗文, 2015. 互联网产业创新系统及其运行机制 [J]. 北京理工大学学报 (社会科学版), 17 (1): 62-69.

毛林, 程涛, 成维莉, 等, 2014. 农产品质量安全追溯智能终端系统构建与应用 [J]. 江苏农业学报, 30 (1): 205-211.

毛烨, 王坤, 唐春根, 等, 2016. 国内外现代化农业中物联网技术应用实践分析 [J]. 江苏农业科学, 44 (4): 412-414.

苏畅, 2016. 印度电子农业发展及对中国"互联网+"农业的启示 [J]. 农村经济 (11): 82-86.

天津大顺国际花卉股份有限公司, 2016. "互联网+"现代农业助力大顺花卉产业成功转型 [J]. 农业工程技术 (30): 25-26.

万宝瑞, 2015. 我国农村又将面临一次重大变革——"互联网+三农"调研与思考 [J]. 农业经济问题, 36 (8): 4-7.

王姝, 陈劲, 梁靓, 2014. 网络众包模式的协同自组织创新效应分析 [J]. 科研管理, 35 (4): 26-33.

王影, 冷单, 2015. 我国智能制造装备产业的现存问题及发展思路 [J]. 经济纵横 (1): 72-76.

吴卫群，李志新，2017. 中国生鲜农产品电商发展的问题及模式创新研究 ［J］. 世界农业（6）：213-217.

熊本海，杨振刚，杨亮，等，2015. 中国畜牧业物联网技术应用研究进展 ［J］. 农业工程学报，31（增刊1）：237-246.

佚名，2016. "互联网+农业" 在国外是怎么做的 ［J］. 农业工程技术（3）：29-31.

袁梦，陈章全，尹昌斌，等，2017. 德国家庭农场经营特征与制度实践：耕地可持续利用视角 ［J］. 世界农业（11）：16-20，162.

张学佳，2018. "互联网+" 农机的发展及应用 ［J］. 农业工程，8（4）：30-35.

张颖达，2013. 让农机流通企业搭上互联网销售顺风车：农机360网 "渠道通" 产品发布会在京举行 ［J］. 农机市场（8）：40.

张振国，吕全贵，张学军，等，2015. 农业物联网在新疆棉花产业中的应用与发展：以农八师一五○团为例 ［J］. 新疆农机化（1）：28-33.

赵春江，李瑾，冯献，等，2018. "互联网+" 现代农业国内外应用现状与发展趋势 ［J］. 中国工程科学，20（2）：50-56.

赵冠军，2017. "互联网+农机" 作业服务新模式的必要性分析 ［J］. 农机使用与维修（8）：37.

赵升吨，贾先，2017. 智能制造及其核心信息设备的研究进展及趋势 ［J］. 机械科学与技术，36（1）：1-16.

赵振，2015. "互联网+" 跨界经营：创造性破坏视角 ［J］. 中国工业经济（10）：146-160.

ERICKSON B, DAVID A W, 2015. 2015 precision agricultural services dealership survey results ［R］. West Lafayette：Purdue University.

GANDHI V P, MEI F, 2002. A decision-oriented market information system for forest and agro-forest products in India ［J］. Iima Working Papers, 39（11）：1246-1253.

KIM N, LEE H, KIM W, et al, 2015. Dynamic patterns of industry convergence：Evidence from a large amount of unstructured data ［J］. Research Policy, 44（9）：1734-1748.

NAGASAKA Y, UMEDA N, KANETAI Y, et al, 2004. Autonomous guidance for rice transplanting using global positioning and gyroscoprs ［J］. Computers and Electronics in Agriculture, 43（3）：223-234.

NOGUCHI N, 2017. Monitoring of wheat growth status and mapping of wheat yield's within-field spatial variations using color images acquired from UAV-camera system ［J］. Remote Sensing, 9（3）：289.

Nyström A G, 2009. Emerging business networks as a result of technological convergence ［J］. Journal of Business Market Management, 3（4）：239-260.

PAUSTIAN M, THEUVSEN L, 2017. Adoption of precision agriculture technologies by German crop farmers ［J］. Precision Agriculture, 18（5）：701-716.

Rcalization Conference of Robot Revolution, 2015. Japan's robot strategy ［R］. Japan：Ministry of Economy, Trade and Industry.

附　录　相关机具技术标准

ICS 65.060.25

B 91

备案号：QB/4408/00650702—2014

Q/RJ

中国热带农业科学院农业机械研究所企业标准

Q/RJ02—2014

甘蔗中耕施肥培土机

2014-08-01 发布　　　　　　　　　　　　　　**2014-08-08 实施**

中国热带农业科学院农业机械研究所 发布

前　言

本标准由中国热带农业科学院农业机械研究所提出。

本标准起草单位：中国热带农业科学院农业机械研究所。

本标准主要起草人：李明，董学虎，邓怡国。

本标准发布时间：2014 年 8 月 1 日。

本标准实施时间：2014 年 8 月 8 日。

甘蔗中耕施肥培土机

1 范围

本标准规定了甘蔗中耕施肥培土机的产品型号和主要技术参数、技术要求、试验方法、检验规则及标志、包装、运输、贮存等要求。

本标准适用于与 30-50 马力轮式拖拉机配套的甘蔗中耕施肥培土机，也适用于与 60 马力以上轮式拖拉机配套的大型甘蔗施肥培土机。

2 规范性引用文件

下列文件中的条款通过本标准的引用而成为本标准的条款。凡是注日期的引用文件，其随后所有的修改单（不包括勘误的内容）或修订版均不适用于本标准，然而，鼓励根据本标准达成协议的各方研究是否可使用这些文件的最新版本。凡是不注日期的引用文件，其最新版本适用于本标准。

GB 10396 农林拖拉机和机械、草坪和园艺动力机械 安全标志和危险图形 总则

GB 10395.1 农林拖拉机和机械 安全技术条件 第 1 部分 总则

GB 2828.1 计数抽样检验程序 第 1 部分：按接收质量限（AQL）检索的逐批检验抽样计划

GB 1592 农业拖拉机动力输出轴

GB 1184 形状和位置公差 未注公差值

GB/T 985.2 埋弧焊的推荐坡口

GB/T 985.1 气焊、焊条电弧焊、气体保护焊和高能束焊的推荐坡口

GB/T 699 优质碳素结构钢

GB/T 17126 农业拖拉机和机械 动力输出万向节传动轴和动力输入连接装置的位置

GB/T 13306 标牌

GB/T 5668 旋耕机

GB/T 5118 低合金碳钢焊条

GB/T 5117 碳钢焊条

GB/T 3077 合金结构钢

JB/T 9832.2 农林拖拉机及机具漆膜附着力性能测定法 压切法

JB/T 9050.1 圆柱齿轮减速器通用技术条件

JB/T 5673 农林拖拉机及机具涂漆 通用技术条件

3 产品型号和主要技术参数

3.1 产品型号规格编制方法

产品型号由产品类别代号、机名代号和主要参数组成。

产品类别代号：施肥机为3。

机名代号用甘蔗施肥培土中首个汉字（甘、施、培）拼音开头的大写字母表示。

主要参数是以作业行数表示。

3.2 产品型号表示方法

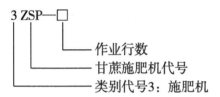

示例：

3ZSP-2 表示甘蔗中耕施肥培土机，其工作行数为2行。

3.3 技术参数

——配套动力，kW   14.7～29.4

——整机质量，kg   300

——工作刀辊转速，r/min   225

——工作刀辊回转半径，mm   240

——工作行数，行   2～3

——悬挂方式   三点后悬挂

4 技术要求

4.1 一般要求

4.1.1 甘蔗中耕施肥机培土机应按本标准要求，并按照规定程序批准的图样及技术文件制造，有特殊要求时供需双方另行协议，并在产品图样中注明。

4.1.2 所有锁销应固定可靠，所有紧固件应紧固可靠。

4.1.3 空载试验轴承温升不应超过40℃，最高温度不应超过70℃。负载试验轴承温升不应超过45℃，最高温度不应超过75℃。减速器不应有漏油现象，润滑油最高温度不应超过70℃。

4.1.4 可用度（使用可靠性）不小于90%。

4.1.5 空载试验应在额定转速下连续运转时间不少于1 h。

4.1.6 负载试验应在额定转速及连续工作的条件下，作业时间不少于1 h。

4.2 技术性能指标

——纯工作小时生产率：≥0.20 hm²/h

　　——开沟深度：≥8 cm

　　——开沟深度稳定性：≥85%

　　——施肥均匀度变异系数：≤15%

　　——施肥断条率：≤3%

　　——肥料覆盖率：≥85%

　　——甘蔗苗损伤率：≤10%

　　——单位面积耗油量：≤20 kg/hm²

4.3　零部件质量

4.3.1　旋耕刀

　　应采用力学性能不低于 GB/T 699 中规定的 65Mn 钢材料制造，刃口淬火区热处理硬度为 48 HRC~54 HRC，非淬火区硬度不低于 32 HRC。

4.3.2　齿轮轴及花键轴

4.3.2.1　动力输入轴伸出端花键的基本尺寸应符合 GB/T 1592 中的规定，表面应进行热处理，硬度为 50 HRC~55 HRC。

4.3.2.2　齿轮轴及花键轴应用 GB/T 3077 规定的 40Cr 材料制造，允许采用与上述材料品质相当的材料制造。齿轮轴及花键轴调质硬度 240~269 HB。

4.3.3　刀辊轴

　　刀辊轴各轴承位同轴度公差应不低于 GB/T 1184 规定的 8 级精度，其余各轴颈同轴度公差应不低于 GB/T 1184 规定的 9 级精度要求。

4.3.4　减速器

　　减速器质量应符合 JB/T 9050.1 的规定。

4.4　万向节传动总成

　　万向节传动轴和动力输入连接装置应符合 GB/T 17126 中的有关规定。

4.5　外观和涂漆质量

4.5.1　机械表面不应有图样未规定的凸起、凹陷、粗糙不平或其他损伤等缺陷。

4.5.2　外露的焊缝应修整。

4.5.3　外表面应涂漆，表面涂漆质量应不低于 JB/T 5673 中普通耐候涂层的规定，油漆层应均匀，无皱纹、明显流痕、漏漆现象，色泽应一致；明显的起泡起皱不应多于 3 处。

4.5.4　漆膜的附着力应为 JB/T 9832.2 中规定的 2 级 3 处。

4.6　焊接质量

4.6.1　焊接件坡口、板件拼装的极限偏差和焊缝的尺寸应符合 GB 985.1 和 GB 985.2 的规定。

4.6.2　焊接用的焊条应符合 GB 5117 和 GB 5118 的规定。

4.6.3　焊接应牢固可靠，焊缝表面应呈现均匀的细鳞状，边棱、夹角处应光滑，不应有裂纹（包括母材）、夹渣、气孔、焊缝间断、弧坑、虚焊及咬边现象。

4.6.4　刀座与刀轴焊合处不应有脱焊现象。

4.7 装配质量

4.7.1 应按图样要求和装配工艺规程进行装配,所有零件和部件(包括外协件)应经检验合格。

4.7.2 对各零件和部件均应清洗干净,机械内部不应有切屑和其他污物。

4.7.3 转动部位的零部件应运转灵活、平稳,无阻滞现象,无异常声响。

4.7.4 万向节传动总成:内、外传动轴应能保证在最高位置时不顶死,在工作状态时的接合长度不小于 150 mm。

4.8 安全防护要求

4.8.1 产品设计应按 GB 10395.1 规定,满足安全要求。

4.8.2 应在危险部件标注永久性危险警告安全标志,其标志应符合 GB 10396 的规定,标志有:警告,维修时必须停机。

4.8.3 旋耕刀工作部件的顶部和后部均应有防护板,防护板应安全可靠。

5 试验方法

5.1 试验方法

试验方法应按照经规定程序批准的有关技术文件的要求进行。

5.2 空载试验

5.2.1 空载试验应在总装配检验合格后进行。

5.2.2 空载试验应按表 1 的规定执行。

表 1 空载试验项目和方法

序号	试验项目	试验方法	标准要求
1	转动的灵活性和声响	感官	转动应平稳,无异常声响
2	防护安全	目测	外露转动部件应装防护板,有警示标志
3	锁销和螺栓紧固情况	目测	紧固可靠
4	轴承温升	试验结束时即用温度计测定	≤40℃

5.3 负载试验

5.3.1 负载试验应在空载试验合格后进行。

5.3.2 在待测试的几种参数(如深松深度等)中,使其中任一参数作某一次量的变动称为一个工况,同一工况测试不少于三个行程。

5.3.3 试验田块各处的试验条件基本相同;田块应满足各测试项目的测定要求;测试区长度不少于 20 m,并有适当的稳定区。

表 2　负载试验项目和标准要求

序号	试验项目	标准要求
1	转动的灵活性和声响	转动应平稳，无异常声响
2	防护安全	外露转动部件应装防护板，有警示标志
3	轴承温升	≤45℃
4	纯工作小时生产率	≥0.20 hm²/h
5	开沟深度及其稳定性	开沟深度：≥8 cm 稳定性：≥85%
6	施肥质量	变异系数：≤15% 断条率：≤3%
7	肥料覆盖率	≥85%
8	甘蔗苗损伤率	≤10%
9	单位面积耗油量	≤20 kg/hm²

5.3.4　负载试验相关项目检测方法的规定

5.3.4.1　开沟深度及其稳定性

每隔 2m 测定一点，每行程测定不少于 10 点，测定每点深度。并按如下计算公式计算开沟深度平均值及其稳定性系数。

A　行程的开沟深度平均值

$$a_j = \frac{\sum_{i=1}^{n_j} a_{ji}}{n_j} \quad \cdots\cdots\cdots\cdots\cdots\cdots\cdots\cdots\cdots\cdots\cdots (1)$$

式中：a_j——第 j 行程的开沟深度平均值；

　　　a_{ji}——第 j 行程中第 i 个测定点的深度值；

　　　n_j——第 j 行程中测定点数。

B　工况的开沟深度平均值

$$a = \frac{\sum_{j=1}^{N} a_j}{N} \quad \cdots\cdots\cdots\cdots\cdots\cdots\cdots\cdots\cdots\cdots (2)$$

式中：a——工况的开沟深度平均值；

　　　N——同一工况中的行程数。

C　行程的开沟深度稳定性系数

$$S_j = \sqrt{\frac{\sum_{i=1}^{n_j} (a_{ji} - a_j)^2}{n_j - 1}} \quad \cdots\cdots\cdots\cdots\cdots\cdots (3)$$

$$V_j = \frac{S_j}{a_j} \times 100\% \quad \cdots\cdots\cdots\cdots\cdots\cdots\cdots (4)$$

$$U_j = 1 - V_j \quad \cdots\cdots\cdots\cdots\cdots\cdots\cdots\cdots (5)$$

式中：S_j——第 j 行程的开沟深度标准差，cm；

$\quad\quad V_j$——第 j 行程开沟深度变异系数，%；

$\quad\quad U_j$——第 j 行程开沟深度稳定系数，%。

$\quad\quad$ D $\quad$ 工况的开沟深度稳定性系数

$$S = \sqrt{\frac{\sum_{j=1}^{N} S_j^2}{N}} \quad\cdots\cdots\cdots\cdots\cdots\cdots\cdots\cdots\cdots\cdots\cdots\cdots \quad (6)$$

$$V = \frac{S}{a} \times 100\% \quad\cdots\cdots\cdots\cdots\cdots\cdots\cdots\cdots\cdots\cdots\cdots \quad (7)$$

$$U = 1 - V \quad\cdots\cdots\cdots\cdots\cdots\cdots\cdots\cdots\cdots\cdots \quad (8)$$

式中：S——工况的开沟深度标准差，cm；

$\quad\quad V$——工况的开沟深度变异系数，%；

$\quad\quad U$——工况的开沟深度稳定系数，%。

5.3.4.2　施肥均匀度

在平坦的水泥地或其他光洁场地，机具以正常作业速度行驶 20 m，取 3 点，每点长度不少于 2 m，按每 20 cm 划分小段，测定各小段内肥料质量，并按 6.6 中相关的计算公式计算施肥均匀变异系数。

5.3.4.3　施肥断条率

长度在 10 cm 以上的无肥区段为断条，测定 3 m 内断条数和断条长度，并计算断条总长度占 3m 排肥总长度的百分比。测定三次，取平均值。

5.3.4.4　肥料覆盖率

五点法测定，每点取 10m，测定未覆盖肥料的长度占总长度的百分比。

$$S = \frac{S_H}{10} \times 100\% \quad\cdots\cdots\cdots\cdots\cdots\cdots\cdots\cdots\cdots\cdots \quad (9)$$

式中：S——肥料覆盖率，%；

$\quad\quad S_H$——未覆盖肥料的长度，m。

5.3.4.5　甘蔗苗损伤率

每行程测定 1 点，每点甘蔗头 200 个，测量每点甘蔗头损伤数量占总甘蔗头数量总数的百分比。取三个行程的平均值。

$$M = \frac{M_s}{200} \times 100\% \quad\cdots\cdots\cdots\cdots\cdots\cdots\cdots\cdots\cdots\cdots \quad (10)$$

式中：M——甘蔗头损伤率，%；

$\quad\quad M_s$——甘蔗头损伤数量。

5.3.4.6　纯工作小时生产率

在正常作业条件下测定 1h 左右时间的作业面积（时间精确到"s"），测定三次，取平均值。

$$E = \frac{Q}{T} \quad\cdots\cdots\cdots\cdots\cdots\cdots\cdots\cdots\cdots\cdots \quad (11)$$

式中：E——纯工作小时生产率，hm^2/h；

　　　Q——测定时间内作业面积，hm^2；

　　　T——工作时间，h。

5.3.4.7 单位面积耗油量

在生产率测定的同时进行，测定三次，取三次测定的算术平均值，结果精确到"0.1 kg/hm^2"。按下式计算：

$$G_n = \frac{\sum G_{nz}}{\sum Q} \quad\cdots\cdots\cdots\cdots\cdots\cdots\cdots\cdots\cdots\cdots\cdots\cdots\cdots\cdots\cdots（12）$$

式中：G_n——单位面积耗油量，单位为千克每公顷（kg/hm^2）；

　　　G_{nz}——测定时间内耗油量，单位为千克（kg）。

6　检验规则

6.1　出厂检验

6.1.1　产品出厂需经产品质量检验部门检验合格，并签发产品合格证后方可出厂。

6.1.2　出厂检验应实行全检，其检验项目及要求为：

——外观和油漆质量应符合 4.5 的规定；

——装配质量应符合 4.7 的规定；

——安全防护应符合 4.8 的规定；

——空载试验应符合 5.2 的规定。

6.1.3　用户有要求时，可进行负载试验，负载试验应符合 5.3 的规定。

6.2　型式检验

6.2.1　有下列情况之一时应对产品进行型式检验：

——新产品或老产品转厂生产；

——正式生产后，结构、材料、工艺等有较大改变，可能影响产品性能；

——正常生产时，定期或周期性抽查检验；

——产品长期停产后恢复生产；

——出厂检验结果与上次型式检验有较大差异；

——质量监督机构提出进行型式检验要求。

6.2.2　型式检验应实行抽检，抽样按 GB/T 2828.1 中正常检查一次抽样方案。

6.2.3　样品应在 12 个月内生产的产品中随机抽取。抽样检查批量应不少于 3 台，样本大小为 2 台。

6.2.4　样品应在生产企业成品库或销售部门抽取，零部件在零部件成品库或装配线上已检验合格的零部件中抽取。

6.2.5　检验项目、不合格分类见表 3。

6.2.6　判定规则

评定时采用逐项检验考核，A、B、C 各类的不合格总数小于等于 Ac 为合格，大于等于 Re 为不合格。A、B、C 各类均合格时，该批产品为合格品，否则为不合格品。

表3 型式检验项目、不合格分类和判定规则

不合格分类	检验项目	样本数	项目数	检查水平	样本大小字码	AQL	Ac	Re
A	1. 安全防护 2. 施肥质量 3. 可用度（使用可靠性）		3			6.5	0	1
B	1. 开沟深度及其稳定性 2. 纯工作小时生产率 3. 肥料覆盖率 4. 单位面积耗油量	2	4	S–I	A	25	1	2
C	1. 甘蔗苗损伤率 2. 轴承温升、减速器油温及渗漏情况 3. 漆膜附着力 4. 外观质量 5. 标志和技术文件		5			40	2	3

注：AQL为合格质量水平，Ac为合格判定数，Re为不合格判定数。

7 标志、包装、运输、贮存及技术文件

7.1 标志

产品应在明显部位固定标牌，标牌应符合GB/T 13306的规定。标牌上应包括产品名称、型号、技术规格、制造厂名称、商标、出厂编号、出厂年月等内容。

7.2 包装

7.2.1 产品在包装前应在机件和工具的外露加工面上涂防锈剂，主要零部件的加工面应包防潮纸，在正常运输和保管情况下，防锈的有效期自出厂之日起应不少于6个月。

7.2.2 产品可整体装箱，也可分部件包装，产品零件、部件、工具和备件应固定在箱内。

7.2.3 包装箱应符合运输和装载要求，箱内应铺防水材料。包装箱外应标明收货单位及地址、产品名称及型号、制造厂名称及地址、包装箱尺寸（长×宽×高）、毛重等。还应有"不得倒置""向上""小心轻放""防潮"和"吊索位置"等标志。

7.3 运输和贮存

产品在运输过程中，应保证整机和零部件及随机配件、工具不受损坏。产品应贮存在干燥、通风的仓库内，并注意防潮，避免与酸、碱、农药等有腐蚀性物质混放，在室外临时贮放时应有遮篷。

7.4 随机技术文件

每台产品应提供下列技术文件：

——产品使用说明书；

——产品合格证；

——装箱单（包括附件及随机工具清单）。

资料来源：中国热带农业科学院农业机械研究所

ICS 65.060.20

B 91

备案号：QB440800650157—2013

Q/RJ01

中国热带农业科学院农业机械研究所企业标准

Q/RJ01—2013

甘蔗地深松旋耕联合作业机

2013-03-08 发布

2013-03-15 实施

中国热带农业科学院农业机械研究所 发布

前　言

本标准按照 GB/T 1.1—2009 给出的规则起草。

本标准由中国热带农业科学院农业机械研究所提出。

本标准起草单位：中国热带农业科学院农业机械研究所、徐闻县曲界友好农具厂。

本标准主要起草人：李明，韦丽娇，李少龙，王金丽，邓怡国，董学虎，卢敬铭。

甘蔗地深松旋耕联合作业机

1 范围

本标准规定了甘蔗地深松旋耕联合作业机的产品型号和主要技术参数、技术要求、试验方法、检验规则及标志、包装、运输、贮存等要求。

本标准适用于与轮式拖拉机配套的深松和驱动旋耕型组合的深松旋耕联合作业机。其他型式的深松整地联合作业机及深松机具可参照执行。

2 规范性引用文件

下列文件对于本文件的应用是必不可少的。凡是注日期的引用文件，仅所注日期的版本适用于本文件。凡是不注日期的引用文件，其最新版本（包括所有的修改单）适用于本文件。

GB/T 13306 标牌

GB 10396 农林拖拉机和机械、草坪和园艺动力机械 安全标志和危险图形总则

GB 10395.1 农林拖拉机和机械 安全技术条件 第 1 部分 总则

GB 2828.1 计数抽样检验程序 第 1 部分：按接收质量限（AQL）检索的逐批检验抽样计划

GB 1592 农业拖拉机动力输出轴

GB 1184 形状和位置公差 未注公差值

GB/T 17126 农业拖拉机和机械 动力输出万向节传动轴和动力输入连接装置的位置

GB/T 5118 低合金碳钢焊条

GB/T 5117 碳钢焊条

GB/T 3077 合金结构钢

GB/T 985.2 埋弧焊的推荐坡口

GB/T 985.1 气焊、焊条电弧焊、气体保护焊和高能束焊的推荐坡口

GB/T 699 优质碳素结构钢

JB/T 9832.2 农林拖拉机及机具漆膜附着力性能测定法 压切法

JB/T 9050.1 圆柱齿轮减速器通用技术条件

JB/T 5673 农林拖拉机及机具涂漆 通用技术条件

3　产品型号和主要技术参数

3.1　产品型号规格编制方法

产品型号由产品类别代号、机名代号和主要参数组成。

产品类别代号：深松整地机为1。

机名代号用深松、旋耕中的汉字（深、耕）拼音开头的大写字母表示。

主要参数是以工作幅宽（cm）表示。

3.2　产品型号表示方法

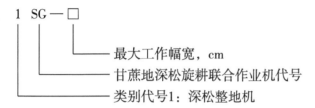

示例：

1SG-230 表示甘蔗地深松旋耕联合作业机，其工作幅宽为 230 cm。

3.3　技术参数

——配套动力，kW	73.5~102.9
——整机质量，kg	650
——工作刀辊转速，r/min	225
——工作刀辊回转半径，mm	240
——最大工作幅宽，cm	230
——悬挂方式	三点后悬挂

4　技术要求

4.1　一般要求

4.1.1　甘蔗地深松旋耕联合作业机应按本标准要求，并按照规定程序批准的图样及技术文件制造，有特殊要求时供需双方另行协议，并在产品图样中注明。

4.1.2　所有锁销应固定可靠，所有紧固件应紧固可靠。

4.1.3　空载试验轴承温升不应超过40℃，最高温度不应超过70℃。负载试验轴承温升不应超过45℃，最高温度不应超过75℃。减速器不应有漏油现象，润滑油最高温度不应超过70℃。

4.1.4　可用度（使用可靠性）不小于90%。

4.1.5　空载试验应在额定转速下连续运转时间不少于1 h。

4.1.6　负载试验应在额定转速及连续工作的条件下，作业时间不少于1 h。

4.2　技术性能指标

——纯工作小时生产率：≥0.20 hm²/h

——深松深度：≥35 cm

——深松深度稳定性：≥90%

——旋耕深度：≥8 cm

——旋耕深度稳定性：≥85%

——碎土率：（≤5 cm 土块）≥75%

——耕后地表平整度：≤5 cm

——单位面积耗油量：≤35 kg/hm²

4.3 零部件质量

4.3.1 旋耕刀

应采用力学性能不低于 GB/T 699 中规定的 65Mn 钢材料制造，并须经热处理，刀口淬火区热处理硬度为 48 HRC~54 HRC，非淬火区硬度不低于 32 HRC。

4.3.2 齿轮轴及花键轴

4.3.2.1 动力输入轴伸出端花键的基本尺寸应符合 GB/T 1592 中的规定，表面应进行热处理，硬度为 50 HRC~55 HRC。

4.3.2.2 齿轮轴及花键轴应用 GB/T 3077 规定的 40Cr 材料制造，允许采用与上述材料品质相当的材料制造。齿轮轴及花键轴需进行调质处理，调质硬度 240~269 HB。

4.3.3 刀辊轴

刀辊轴各轴承位同轴度公差应不低于 GB/T 1184 规定的 8 级精度，其余各轴颈同轴度公差应不低于 GB/T 1184 规定的 9 级精度要求。

4.3.4 减速器

减速器质量应符合 JB/T 9050.1 的规定。

4.3.5 万向节传动总成

万向节传动轴和动力输入连接装置应符合 GB/T 17126 中的有关规定。

4.4 外观和涂漆质量

4.4.1 机械表面不应有图样未规定的凸起、凹陷、粗糙不平或其他损伤等缺陷。

4.4.2 外露的焊缝应修整。

4.4.3 外表面应涂漆，表面涂漆质量应不低于 JB/T 5673 中普通耐候涂层的规定，油漆层应均匀，无皱纹、明显流痕、漏漆现象，色泽应一致；明显的起泡起皱不应多于 3 处。

4.4.4 漆膜的附着力应为 JB/T 9832.2 中规定的 2 级 3 处。

4.5 焊接质量

4.5.1 焊接件坡口、板件拼装的极限偏差和焊缝的尺寸应符合 GB 985.1 和 GB 986.2 的规定。

4.5.2 焊接用的焊条应符合 GB 5117 和 GB 5118 的规定。

4.5.3 焊接应牢固可靠，焊缝表面应呈现均匀的细鳞状，边棱、夹角处应光滑，不应有裂纹（包括母材）、夹渣、气孔、焊缝间断、弧坑、虚焊及咬边现象。

4.5.4 刀座与刀轴焊合处不应有脱焊现象。

4.6　装配质量

4.6.1　应按图样要求和装配工艺规程进行装配，所有零件和部件（包括外协件）应经检验合格。

4.6.2　对各零件和部件均应清洗干净，机械内部不应有切屑和其他污物。

4.6.3　转动部位的零部件应运转灵活、平稳，无阻滞现象，无异常声响。

4.6.4　万向节传动总成：内、外传动轴应能保证在最高位置时不顶死，在工作状态时的接合长度不小于 150 mm。

4.7　安全防护要求

4.7.1　产品设计应按 GB 10395.1 规定，满足安全要求。

4.7.2　应在危险部件标注永久性危险警告安全标志，其标志应符合 GB 10396 的规定，标志有：警告，维修时必需停机。

4.7.3　旋耕刀工作部件的顶部和后部均应有防护板，防护板应安全可靠。

5　试验方法

5.1　试验方法

试验方法应按照经规定程序批准的有关技术文件的要求进行。

5.2　空载试验

空载试验应在总装配检验合格后进行。

空载试验应按表 1 的规定执行。

表 1　空载试验项目和方法

序号	试验项目	试验方法	要求
1	转动的灵活性和声响	感官	4.6.3
2	防护安全	目测	4.7
3	锁销和螺栓紧固情况	目测	4.1.2
4	轴承温升	试验结束时即用温度计测定	4.1.3

5.3　负载试验

5.3.1　负载试验应在空载试验合格后进行。

5.3.2　在待测试的几种参数（如深松深度等）中，使其中任一参数作某一次量的变动称为一个工况，同一工况测试不少于三个行程。

5.3.3　试验田块各处的试验条件基本相同；田块应满足各测试项目的测定要求；测试区长度不少于 20 m，并有适当的稳定区。

5.3.4　负载试验项目和要求见表 2。

表 2 负载试验项目和要求

序号	试验项目	要求
1	转动的灵活性和声响	4.6.3
2	防护安全	4.7
3	轴承温升	4.1.3
4	纯工作小时生产率	4.2
5	深松深度及其稳定性	4.2
6	旋耕深度及其稳定性	4.2
7	碎土率	4.2
8	耕后地表平整度	4.2
9	单位面积耗油量	4.2

5.3.5 负载试验相关项目检测方法的规定

5.3.5.1 深松深度及其稳定性

每隔 2 m 测定一点，每行程测定不少于 10 点，测定每点深度。并按如下计算公式计算深松深度平均值及其稳定性系数。

A 行程的深松深度平均值

$$a_j = \frac{\sum_{i=1}^{n_j} a_{ji}}{n_j} \quad \cdots\cdots\cdots\cdots\cdots\cdots\cdots\cdots\cdots\cdots (1)$$

式中：

a_j—第 j 行程的深松深度平均值；

a_{ji}—第 j 行程中第 i 个测定点的深度值；

n_j—第 j 行程中测定点数。

B 工况的深松深度平均值

$$a = \frac{\sum_{j=1}^{N} a_j}{N} \quad \cdots\cdots\cdots\cdots\cdots\cdots\cdots\cdots\cdots\cdots (2)$$

式中：

a—工况的深松深度平均值；

N—同一工况中的行程数。

C 行程的深松深度稳定性系数

$$S_J = \sqrt{\frac{\sum_{i=1}^{n_j} (a_{ji} - a_j)^2}{n_j - 1}} \quad \cdots\cdots\cdots\cdots\cdots\cdots (3)$$

$$V_j = \frac{S_j}{a_j} \times 100\% \quad \cdots\cdots\cdots\cdots\cdots\cdots (4)$$

$$U_j = V_j \quad \cdots\cdots\cdots\cdots\cdots\cdots\cdots\cdots\cdots\cdots\cdots \quad (5)$$

式中：

S_j—第 j 行程的深松深度标准差，单位为厘米（cm）；

V_j— 第 j 行程深松深度变异系数，%；

U_j— 第 j 行程深松深度稳定系数，%。

D 工况的深松深度稳定性系数

$$S = \sqrt{\frac{\sum_{j=1}^{N} S_j^{\,2}}{N}} \quad \cdots\cdots\cdots\cdots\cdots\cdots\cdots \quad (6)$$

$$V = \frac{S}{a} \times 100\% \quad \cdots\cdots\cdots\cdots\cdots\cdots\cdots \quad (7)$$

$$U = 1 - V \quad \cdots\cdots\cdots\cdots\cdots\cdots\cdots \quad (8)$$

式中：

S—工况的深松深度标准差，单位为厘米（cm）；

V—工况的深松深度变异系数，%；

U—工况的深松深度稳定系数，%。

5.3.5.2 旋耕深度及其稳定性

与深松深度测定相同。并按本标准中 5.3.4.1 中相关的计算公式计算旋耕深度平均值及其稳定性系数。

5.3.5.3 碎土率

五点法测定，每点取 0.5 m×0.5 m 的面积，测定小于 5 cm 的土块质量占总质量的百分比。

$$G_q = \frac{N_h}{N_a} \times 100\% \quad \cdots\cdots\cdots\cdots\cdots\cdots\cdots\cdots \quad (9)$$

式中：

G_q—碎土率，%；

N_h—小于 5 cm 的土块质量，单位为千克（kg）；

N_a—测定区内土块总质量，单位为千克（kg）。

5.3.5.4 纯工作小时生产率

在正常作业条件下测定 1 h 左右时间的作业面积（时间精确到"s"），测定三次，取平均值。

$$E = \frac{Q}{T} \quad \cdots\cdots\cdots\cdots\cdots\cdots\cdots\cdots \quad (10)$$

式中：

E—纯工作小时生产率，单位为公顷每小时（hm²/h）；

Q—测定时间内作业面积，单位为公顷（hm²）；

T—工作时间，单位为小时（h）。

5.3.5.5 单位面积耗油量

在生产率测定的同时进行，测定三次，取三次测定的算术平均值，结果精确到

"0.1 kg/hm²"。按式（11）计算：

$$G_n = \frac{\sum G_{nz}}{\sum Q} \quad\cdots\cdots\cdots\cdots\cdots\cdots\cdots\cdots\cdots\cdots\cdots (11)$$

式中：

G_n—单位面积耗油量，单位为千克每公顷（kg/hm²）；

G_{nz}—测定时间内耗油量，单位为千克（kg）。

5.3.5.6　耕后地表平整度

五点法测定。在每点过耕后地表线的最高点，垂直于机组前进方向作一水平直线为基准线，取略大于一个机耕幅宽的宽度，分成 10 等分，并在等分点上作垂线与地表线相交，量出地表线上各交点至基准线的距离，以平均值表示该点的平整度。最后求出 5 点的平均值即为耕后地表平整度。

6　检验规则

6.1　出厂检验

6.1.1　产品出厂需经产品质量检验部门检验合格，并签发产品合格证后方可出厂。

6.1.2　出厂检验应实行全检，其检验项目及要求为：

——外观和油漆质量应符合 4.5 的规定；

——装配质量应符合 4.7 的规定；

——安全防护应符合 4.8 的规定；

——空载试验应符合 5.2 的规定。

6.1.3　用户有要求时，可进行负载试验，负载试验应符合 5.3 的规定。

6.2　型式检验

6.2.1　有下列情况之一时应对产品进行型式检验：

——新产品或老产品转厂生产；

——正式生产后，结构、材料、工艺等有较大改变，可能影响产品性能；

——正常生产时，定期或周期性抽查检验；

——产品长期停产后恢复生产；

——出厂检验结果与上次型式检验有较大差异；

——质量监督机构提出进行型式检验要求。

6.2.2　型式检验应实行抽检，抽样按 GB/T 2828.1 中正常检查一次抽样方案。

6.2.3　样品应在 12 个月内生产的产品中随机抽取。抽样检查批量应不少于 3 台，样本大小为 2 台。

6.2.4　样品应在生产企业成品库或销售部门抽取，零部件在零部件成品库或装配线上已检验合格的零部件中抽取。

6.2.5　检验项目、不合格分类见表 3。

6.2.6　判定规则

评定时采用逐项检验考核，A、B、C 各类的不合格总数小于等于 Ac 为合格，大于等于 Re 为不合格。A、B、C 各类均合格时，该批产品为合格品，否则为不合格品。

表3　型式检验项目、不合格分类和判定规则

不合格分类	检验项目	样本数	项目数	检查水平	样本大小字码	AQL	Ac	Re
A	4. 安全防护 5. 深松深度及其稳定性 6. 使用可靠性		3			6.5	0	1
B	5. 旋耕深度及其稳定性 6. 碎土率 7. 纯工作小时生产率 8. 耕后地表平整度 9. 单位面积耗油量	2	5	S-I	A	25	1	2
C	1. 轴承温升、减速器油温及渗漏情况 2. 深松宽度及其稳定性 3. 漆膜附着力 4. 外观质量 5. 标志和技术文件		5			40	2	3

注：AQL 为合格质量水平，Ac 为合格判定数，Re 为不合格判定数。

7　标志、包装、运输、贮存及技术文件

7.1　标志
产品应在明显部位固定标牌，标牌应符合 GB/T 13306 的规定。标牌上应包括产品名称、型号、技术规格、制造厂名称、商标、出厂编号、出厂年月等内容。

7.2　包装
　　产品在包装前应在机件和工具的外露加工面上涂防锈剂，主要零部件的加工面应包防潮纸，在正常运输和保管情况下，防锈的有效期自出厂之日起应不少于6个月。
　　产品可整体装箱，也可分部件包装，产品零件、部件、工具和备件应固定在箱内。
　　包装箱应符合运输和装载要求，箱内应铺防水材料。包装箱外应标明收货单位及地址、产品名称及型号、制造厂名称及地址、包装箱尺寸（长×宽×高）、毛重等。还应有"不得倒置""向上""小心轻放""防潮"和"吊索位置"等标志。

7.3　运输和贮存
　　产品在运输过程中，应保证整机和零部件及随机配件、工具不受损坏。产品应贮存在干燥、通风的仓库内，并注意防潮，避免与酸、碱、农药等有腐蚀性物质混放，在室外临时贮放时应有遮篷。

7.4　随机技术文件
　　每台产品应提供下列技术文件：

——产品使用说明书；

——产品合格证；

——装箱单（包括附件及随机工具清单）。

资料来源：中国热带农业科学院农业机械研究所

ICS 65.060.40

B 91

备案号：QB/440800650156—2013

Q/RJ02

中国热带农业科学院农业机械研究所企业标准

Q/RJ02—2013

宿根蔗平茬破垄覆膜联合作业机

2013-03-08 发布   2013-03-15 实施

中国热带农业科学院农业机械研究所 发布

前　言

本标准按照 GB/T 1.1—2009 给出的规则起草。

本标准由中国热带农业科学院农业机械研究所提出。

本标准起草单位：中国热带农业科学院农业机械研究所、广西贵港市西江机械有限公司

本标准主要起草人：李明，韦丽娇，黄敞，李日华，王金丽，邓怡国，董学虎，卢敬铭。

宿根蔗平茬破垄覆膜联合作业机

1　范围

本标准规定了宿根蔗平茬破垄覆膜联合作业机的产品型号和主要技术参数、技术要求、试验方法、检验规则及标志、包装、运输、贮存等要求。

本标准适用于与轮式拖拉机配套的宿根蔗平茬破垄覆膜联合作业机。

2　规范性引用文件

下列文件对于本文件的应用是必不可少的。凡是注日期的引用文件，仅所注日期的版本适用于本文件。凡是不注日期的引用文件，其最新版本（包括所有的修改单）适用于本文件。

GB/T 699　优质碳素结构钢

GB/T 985.1　气焊、焊条电弧焊、气体保护焊和高能束焊的推荐坡口

GB/T 985.2　埋弧焊的推荐坡口

GB 1184　形状和位置公差　未注公差值

GB 1592　农业拖拉机动力输出轴

GB 2828.1　计数抽样检验程序　第1部分：按接收质量限（AQL）检索的逐批检验抽样计划

GB/T 3077　合金结构钢

GB/T 5117　碳钢焊条

GB/T 5118　低合金碳钢焊条

GB 10395.1　农林拖拉机和机械　安全技术条件　第1部分　总则

GB 10396　农林拖拉机和机械、草坪和园艺动力机械　安全标志和危险图形总则

GB/T 13306　标牌

GB/T 17126　农业拖拉机和机械　动力输出万向节传动轴和动力输入连接装置的位置

JB/T 5673　农林拖拉机及机具涂漆　通用技术条件

JB/T 9050.1　圆柱齿轮减速器通用技术条件

JB/T 9832.2　农林拖拉机及机具漆膜附着力性能测定法　压切法

3 产品型号和主要技术参数

3.1 产品型号规格编制方法

产品型号由产品类别代号、机名代号和主要参数组成。

产品类别代号：联合作业机为 2。

机名代号用平茬破垄覆膜中首个汉字（茬、垄、覆）拼音开头的大写字母表示。

主要参数是以作业行数表示。

3.2 产品型号表示方法

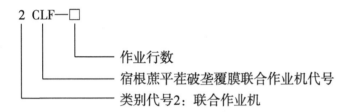

示例：

2 CLF-1 表示宿根蔗平茬破垄覆膜联合作业机，其工作行数为 1 行。

3.3 技术参数

——配套动力，kW	14.7~29.4
——整机质量，kg	380
——工作刀辊转速，r/min	225
——工作刀辊回转半径，mm	240
——工作行数，行	1~3
——悬挂方式	三点后悬挂

4 技术要求

4.1 一般要求

4.1.1 宿根蔗平茬破垄覆膜联合作业机应按本标准要求，并按照规定程序批准的图样及技术文件制造，有特殊要求时供需双方另行协议，并在产品图样中注明。

4.1.2 所有锁销应固定可靠，所有紧固件应紧固可靠。

4.1.3 空载试验轴承温升不应超过 40℃，最高温度不应超过 70℃。负载试验轴承温升不应超过 45℃，最高温度不应超过 75℃。减速器不应有漏油现象，润滑油最高温度不应超过 70℃。

4.1.4 可用度（使用可靠性）不小于 90%。

4.1.5 空载试验应在额定转速下连续运转时间不少于 1 h。

4.1.6 负载试验应在额定转速及连续工作的条件下，作业时间不少于 1 h。

4.2 技术性能指标

——纯工作小时生产率：≥0.10 hm²/h

——破垄深度：≥5 cm

——破垄深度稳定性：≥85%

——施肥均匀度变异系数：≤10%

——施肥断条率：≤3%

——肥料覆盖率：≥85%

——地膜覆盖率：≥85%

——甘蔗头损伤率：≤10%

——单位面积耗油量：≤20 kg/hm²

4.3　零部件质量

4.3.1　破垄旋耕刀

应采用力学性能不低于 GB/T 699 中规定的 65Mn 钢材料制造，刃口淬火区热处理硬度为 48HRC~54HRC，非淬火区硬度不低于 32HRC。

4.3.2　齿轮轴及花键轴

4.3.2.1　动力输入轴伸出端花键的基本尺寸应符合 GB/T 1592 中的规定，表面应进行热处理，硬度为 50HRC~55HRC。

4.3.2.2　齿轮轴及花键轴应用 GB/T 3077 规定的 40Cr 材料制造，允许采用与上述材料品质相当的材料制造。齿轮轴及花键轴调质硬度为 240 HB~269 HB。

4.3.3　刀辊轴

刀辊轴各轴承位同轴度公差应不低于 GB/T 1184 规定的 8 级精度，其余各轴颈同轴度公差应不低于 GB/T 1184 规定的 9 级精度要求。

4.3.4　减速器

减速器质量应符合 JB/T 9050.1 的规定。

4.3.5　万向节传动总成

万向节传动轴和动力输入连接装置应符合 GB/T 17126 中的有关规定。

4.4　外观和涂漆质量

4.4.1　机械表面不应有图样未规定的凸起、凹陷、粗糙不平或其他损伤等缺陷。

4.4.2　外露的焊缝应修整。

4.4.3　外表面应涂漆，表面涂漆质量应不低于 JB/T 5673 中普通耐候涂层的规定，油漆层应均匀、无皱纹、明显流痕、漏漆现象，色泽应一致；明显的起泡起皱不应多于 3 处。

4.4.4　漆膜的附着力应为 JB/T 9832.2 中规定的 2 级 3 处。

4.5　焊接质量

4.5.1　焊接件坡口、板件拼装的极限偏差和焊缝的尺寸应符合 GB 985.1 和 GB 985.2 的规定。

4.5.2　焊接用的焊条应符合 GB 5117 和 GB 5118 的规定。

4.5.3　焊接应牢固可靠，焊缝表面应呈现均匀的细鳞状，边棱、夹角处应光滑，不应有裂纹（包括母材）、夹渣、气孔、焊缝间断、弧坑、虚焊及咬边现象。

4.5.4　刀座与刀轴焊合处不应有脱焊现象。

4.6 装配质量

4.6.1 应按图样要求和装配工艺规程进行装配,所有零件和部件(包括外协件)应经检验合格。

4.6.2 对各零件和部件均应清洗干净,机械内部不应有切屑和其他污物。

4.6.3 转动部位的零部件应运转灵活、平稳,无阻滞现象,无异常声响。

4.6.4 万向节传动总成:内、外传动轴应能保证在最高位置时不顶死,在工作状态时的接合长度不小于 150 mm。

4.7 安全防护要求

4.7.1 产品设计应按 GB 10395.1 规定,满足安全要求。

4.7.2 应在危险部件标注永久性危险警告安全标志,其标志应符合 GB 10396 的规定,标志有:警告,维修时必须停机。

4.7.3 破垄旋耕刀工作部件的顶部和后部均应有防护板,防护板应安全可靠。

5 试验方法

5.1 试验方法

试验方法应按照经规定程序批准的有关技术文件的要求进行。

5.2 空载试验

5.2.1 空载试验应在总装配检验合格后进行。

5.2.2 空载试验应按表 1 的规定执行。

表 1 空载试验项目和方法

序号	试验项目	试验方法	要求
1	转动的灵活性和声响	感官	4.6.3
2	防护安全	目测	4.7
3	锁销和螺栓紧固情况	目测	4.1.2
4	轴承温升	试验结束时即用温度计测定	4.1.3

5.3 负载试验

5.3.1 负载试验应在空载试验合格后进行。

5.3.2 在待测试的几种参数(如深松深度等)中,使其中任一参数作某一次量的变动称为一个工况,同一工况测试不少于三个行程。

5.3.3 试验田块各处的试验条件基本相同;田块应满足各测试项目的测定要求;测试区长度不少于 20m,并有适当的稳定区。

5.3.4 负载试验项目和要求见表 2

表 2　负载试验项目和标准要求

序号	试验项目	要求
1	转动的灵活性和声响	4.6.3
2	防护安全	4.7
3	轴承温升	4.1.3
4	纯工作小时生产率	4.2
5	破垄深度及其稳定性	4.2
6	施肥质量	4.2
7	肥料覆盖率	4.2
8	地膜覆盖率	4.2
9	甘蔗头损伤率	4.2
10	单位面积耗油量	4.2

5.3.5　负载相关试验项目的检测方法

5.3.5.1　破垄深度及其稳定性

每隔 2 m 测定一点，每行程测定不少于 10 点，测定每点深度。并按如下计算公式计算破垄深度平均值及其稳定性系数。

A　行程的破垄深度平均值

$$a_j = \frac{\sum_{i=1}^{n_j} a_{ji}}{n_j} \quad\cdots\cdots\cdots\cdots\cdots\cdots\cdots\cdots\cdots (1)$$

式中：

a_j—第 j 行程的破垄深度平均值；

a_{ji}—第 j 行程中第 i 个测定点的深度值；

n_j—第 j 行程中测定点数。

B　工况的破垄深度平均值

$$a = \frac{\sum_{j=1}^{N} a_j}{N} \quad\cdots\cdots\cdots\cdots\cdots\cdots\cdots\cdots\cdots (2)$$

式中：

A

a—工况的破垄深度平均值；

N—同一工况中的行程数。

C　行程的破垄深度稳定性系数

$$S_j = \sqrt{\frac{\sum_{i=1}^{n_j} (a_{ji} - a_j)^2}{n_j - 1}} \quad \cdots\cdots\cdots\cdots\cdots\cdots\cdots\cdots \quad (3)$$

$$V_j = \frac{S_j}{a_j} \times 100\% \quad \cdots\cdots\cdots\cdots\cdots\cdots\cdots\cdots \quad (4)$$

$$U_j = V_j \quad \cdots\cdots\cdots\cdots\cdots\cdots\cdots\cdots\cdots\cdots \quad (5)$$

式中：

S_j—第 j 行程的破垄深度标准差，单位为厘米（cm）；

V_j—第 j 行程破垄深度变异系数，%；

U_j—第 j 行程破垄深度稳定系数，%。

D 工况的破垄深度稳定性系数

$$S = \sqrt{\frac{\sum_{j=1}^{N} S_j^2}{N}} \quad \cdots\cdots\cdots\cdots\cdots\cdots\cdots\cdots \quad (6)$$

$$V = \frac{S}{a} \times 100\% \quad \cdots\cdots\cdots\cdots\cdots\cdots\cdots\cdots \quad (7)$$

$$U = 1 - V \quad \cdots\cdots\cdots\cdots\cdots\cdots\cdots\cdots\cdots \quad (8)$$

式中：

S—工况的破垄深度标准差，单位为厘米（cm）；

V—工况的破垄深度变异系数，%；

U—工况的破垄深度稳定系数，%。

5.3.5.2 施肥均匀度

在平坦的水泥地或其他光洁场地，机具以正常作业速度行驶 20 m，取 3 点，每点长度不少于 2 m，按每 20 cm 划分小段，测定各小段内肥料质量，并按式（6）~（8）计算施肥均匀度。

5.3.5.3 施肥断条率

长度在 10 cm 以上的无肥区段为断条，测定 3 m 内断条数和断条长度，并计算断条总长度占 3 m 排肥总长度的百分比。测定三次，取平均值。

5.3.5.4 肥料覆盖率

五点法测定，每点取 10 m，测定未覆盖肥料的长度占总长度的百分比。

$$S = \frac{S_H}{10} \times 100\% \quad \cdots\cdots\cdots\cdots\cdots\cdots\cdots\cdots \quad (9)$$

式中：

S—肥料覆盖率，%；

S_H—未覆盖肥料的长度，单位为米（m）。

5.3.5.5 地膜覆盖率

五点法测定，每点取 10 m，测定未覆盖泥土地膜长度占总长度的百分比。

$$L = \frac{L_H}{10} \times 100\% \quad \cdots\cdots\cdots\cdots\cdots\cdots\cdots\cdots \quad (10)$$

式中：

L—地膜覆盖率，%；

L_H—地膜未覆盖泥土的长度，单位为米（m）。

5.3.5.6　甘蔗头损伤率

每行程测定 1 点，每点甘蔗头 200 个，测量每点甘蔗头损伤数量占总甘蔗头数量总数的百分比。取三个行程的平均值。

$$M = \frac{M_S}{200} \times 100\% \quad \cdots\cdots\cdots\cdots\cdots\cdots\cdots\cdots\cdots\cdots\cdots\cdots\cdots\cdots（11）$$

式中：

M—甘蔗头损伤率，%；

M_S—甘蔗头损伤数量。

5.3.5.7　纯工作小时生产率

在正常作业条件下测定 1 h 左右时间的作业面积（时间精确到"s"），测定三次，取平均值。

$$E = \frac{Q}{T} \quad \cdots\cdots\cdots\cdots\cdots\cdots\cdots\cdots\cdots\cdots\cdots\cdots\cdots\cdots\cdots\cdots（12）$$

式中：

E—纯工作小时生产率，单位为公顷每小时（hm²/h）；

Q—测定时间内作业面积，单位为公顷（hm²）；

T—工作时间，单位为小时（h）。

5.3.5.8　单位面积耗油量

在生产率测定的同时进行，测定三次，取三次测定的算术平均值，结果精确到"0.1 kg/hm²"。

$$G_n = \frac{\sum G_{nz}}{\sum Q} \quad \cdots\cdots\cdots\cdots\cdots\cdots\cdots\cdots\cdots\cdots\cdots\cdots\cdots\cdots（13）$$

式中：

G_n—单位面积耗油量，单位为千克每公顷（kg/hm²）；

G_{nz}—测定时间内耗油量，单位为千克（kg）。

6　检验规则

6.1　出厂检验

6.1.1　产品出厂需经产品质量检验部门检验合格，并签发产品合格证后方可出厂。

6.1.2　出厂检验应实行全检，其检验项目及要求为：

——外观和油漆质量应符合 4.5 的规定；

——装配质量应符合 4.7 的规定；

——安全防护应符合 4.8 的规定；

——空载试验应符合 5.2 的规定。

6.1.3 用户有要求时，可进行负载试验，负载试验应符合 5.3 的规定。

6.2 型式检验

6.2.1 有下列情况之一时应对产品进行型式检验：

a) ——新产品或老产品转厂生产；

b) ——正式生产后，结构、材料、工艺等有较大改变，可能影响产品性能；

c) ——正常生产时，定期或周期性抽查检验；

d) ——产品长期停产后恢复生产；

e) ——出厂检验结果与上次型式检验有较大差异；

f) ——质量监督机构提出进行型式检验要求。

6.2.2 型式检验应实行抽检，抽样按 GB/T 2828.1 中正常检查一次抽样方案。

6.2.3 样品应在 12 个月内生产的产品中随机抽取。抽样检查批量应不少于 3 台，样本大小为 2 台。

6.2.4 样品应在生产企业成品库或销售部门抽取，零部件在零部件成品库或装配线上已检验合格的零部件中抽取。

6.2.5 检验项目、不合格分类见表 3。

表 3 型式检验项目、不合格分类和判定规则

不合格分类	检验项目	样本数	项目数	检查水平	样本大小字码	AQL	Ac	Re
A	1. 安全防护 2. 施肥质量 3. 可用度（使用可靠性）		3			6.5	0	1
B	1. 破垄深度及其稳定性 2. 肥料覆盖率 3. 纯工作小时生产率 4. 地膜覆盖率 5. 甘蔗头损伤率	2	5	S-I	A	25	1	2
C	1. 轴承温升、减速器油温及渗漏情况 2. 单位面积耗油量 3. 漆膜附着力 4. 外观质量 5. 标志和技术文件		5			40	2	3
注：AQL 为合格质量水平，Ac 为合格判定数，Re 为不合格判定数。								

6.2.6 判定规则。评定时采用逐项检验考核，A、B、C 各类的不合格总数小于等于 Ac 为合格，大于等于 Re 为不合格。A、B、C 各类均合格时，该批产品为合格品，否则为不合格品。

7　标志、包装、运输、贮存及技术文件

7.1　标志

产品应在明显部位固定标牌，标牌应符合 GB/T 13306 的规定。标牌上应包括产品名称、型号、技术规格、制造厂名称、商标、出厂编号、出厂年月等内容。

7.2　包装

7.2.1　产品在包装前应在机件和工具的外露加工面上涂防锈剂，主要零部件的加工面应包防潮纸，在正常运输和保管情况下，防锈的有效期自出厂之日起应不少于 6 个月。

7.2.2　产品可整体装箱，也可分部件包装，产品零件、部件、工具和备件应固定在箱内。

7.2.3　包装箱应符合运输和装载要求，箱内应铺防水材料。包装箱外应标明收货单位及地址、产品名称及型号、制造厂名称及地址、包装箱尺寸（长×宽×高）、毛重等。还应有"不得倒置""向上""小心轻放""防潮"和"吊索位置"等标志。

7.3　运输和贮存

产品在运输过程中，应保证整机和零部件及随机配件、工具不受损坏。产品应贮存在干燥、通风的仓库内，并注意防潮，避免与酸、碱、农药等有腐蚀性物质混放，在室外临时贮放时应有遮篷。

7.4　随机技术文件

每台产品应提供下列技术文件：

——产品使用说明书；

——产品合格证；

——装箱单（包括附件及随机工具清单）。

资料来源：中国热带农业科学院农业机械研究所

ICS 65.060.50

B 91

备案号：QB/440800651189—2015

Q/RJ01

中国热带农业科学院农业机械研究所企业标准

Q/RJ06—2015

甘蔗叶粉碎还田机

Sugarcane leaf Shattering and returning machine

2015-11-30 发布　　　　　　　　　　　　　　2015-12-8 实施

中国热带农业科学院农业机械研究所 发布

前　言

本标准由中国热带农业科学院农业机械研究所提出。

本标准起草单位：中国热带农业科学院农业机械研究所。

本标准主要起草人：李明，王金丽，韦丽娇，邓怡国。

本标准发布时间：2014 年 10 月 08 日。

本标准实施时间：2014 年 10 月 18 日。

甘蔗叶粉碎还田机

1　范围

本标准规定了甘蔗叶粉碎还田机的产品型号和主要技术参数、技术要求、试验方法、检验规则及标志、包装、运输、贮存等要求。

本标准适用于以拖拉机为配套动力的后悬挂式甘蔗叶粉碎还田机。

2　规范性引用文件

下列文件中的条款通过本标准的引用而成为本标准的条款。凡是注日期的引用文件，其随后所有的修改单（不包括勘误的内容）或修订版均不适用于本标准，然而，鼓励根据本标准达成协议的各方研究是否可使用这些文件的最新版本。凡是不注日期的引用文件，其最新版本适用于本标准。

GB 10396　农林拖拉机和机械、草坪和园艺动力机械　安全标志和危险图形总则

GB 10395.1　农林拖拉机和机械 安全技术条件　第1部分　总则

GB 2828.1　计数抽样检验程序　第1部分：按接收质量限（AQL）检索的逐批检验抽样计划

GB 1592　农业拖拉机动力输出轴

GB 1184—1996　形状和位置公差　未注公差值

GB 986　埋弧焊焊缝坡口的基本形式和尺寸

GB 985　气焊、手工电弧焊及气体保护焊焊缝坡口的基本形式和尺寸

GB/T 13306　标牌

GB/T 10412—1989　普通V带轮

GB/T 5118　低合金碳钢焊条

GB/T 5117　碳钢焊条

GB/T 699　优质碳素结构钢

JB/T 9832.2　农林拖拉机及机具漆膜附着力性能测定法　压切法

JB/T 9050.1　圆柱齿轮减速器通用技术条件

JB/T 5673　农林拖拉机及机具涂漆　通用技术条件

3　产品型号和主要技术参数

3.1　产品型号规格编制方法

产品型号由产品类别代号、机名代号和主要参数组成。

产品类别代号：粉碎还田机为1。

机名代号用甘蔗、叶、粉碎中首个汉字（甘、叶、粉）拼音开头的大写字母表示。

主要参数是以工作幅宽（cm）表示。

3.2　产品型号表示方法

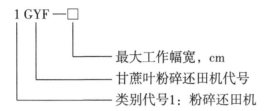

示例：**1GYF—150** 表示甘蔗叶粉碎还田机，其工作幅宽为 **150 cm**。

3.3　技术参数

——配套动力，kW	36～73
——整机质量，kg	650
——工作刀辊转速，r/min	1 850
——工作刀辊回转半径，mm	280
——最大工作幅宽，cm	150～200
——悬挂方式	三点后悬挂

4　技术要求

4.1　一般要求

4.1.1　甘蔗叶粉碎还田机应按本标准要求，并按照规定程序批准的图样及技术文件制造，有特殊要求时供需双方另行协议，并在产品图样中注明。

4.1.2　甩刀能自由回转，不应有阻滞现象。

4.1.3　所有锁销应固定可靠，所有紧固件应紧固可靠。

4.1.4　空载试验轴承温升不应超过40℃，最高温度不应超过70℃。负载试验轴承温升不应超过45℃，最高温度不应超过75℃。减速器不应有漏油现象，润滑油最高温度不应超过70℃。

4.1.5　使用可靠性不小于90%。

4.1.6　空载试验应在额定转速下连续运转时间不少于1 h。

4.1.7　负载试验应在额定转速及连续工作的条件下，作业时间不少于1 h。

4.2　技术性能指标

——作业小时生产率：≥0.15 hm²/h

——捡拾率：≥95%

——粉碎率（粉碎后长度≤20 cm 之叶段的比例）：≥80%

——单位面积耗油量：≤35 kg/hm²

4.3 零部件质量

4.3.1 甩刀

甩刀材料性能应不低于 GB/T 699 中 45 号钢的要求。

甩刀工作表面硬度为 40HRC～50HRC。

甩刀刀刃焊耐磨材料。

4.3.2 定刀

定刀材料性能应不低于 GB/T 699 中 45 号钢的要求。

4.3.3 刀辊轴

刀辊轴各轴承位同轴度公差应不低于 GB/T 1184—1996 规定的 8 级精度，其余各轴颈同轴度公差应不低于 9 级精度要求。

4.3.4 减速器

减速器质量应符合 JB/T 9050.1 的规定。

4.4 刀辊轴平衡试验

4.4.1 刀辊轴应进行静平衡试验。

4.4.2 刀辊轴应进行动平衡试验，平衡精度为 G6.3 级。

4.4.3 同类甩刀单把之间的质量差不超过 10 g。

4.5 外观和涂漆质量

4.5.1 机械表面不应有图样未规定的凸起、凹陷、粗糙不平或其他损伤等缺陷。

4.5.2 外露的焊缝应修整。

4.5.3 外表面应涂漆，表面涂漆质量应不低于 JB/T 5673 中普通耐候涂层的～规定，油漆层应均匀，无皱纹、明显流痕、漏漆现象，色泽应一致；明显的起泡起皱不应多于 3 处。

4.5.4 漆膜的附着力应为 JB/T 9832.2 中规定的 2 级 3 处。

4.6 焊接质量

4.6.1 焊接件坡口、板件拼装的极限偏差和焊缝的尺寸应符合 GB 985 和 GB 986 的规定。

4.6.2 焊接用的焊条应符合 GB 5117 和 GB 5118 的规定。

4.6.3 焊接应牢固可靠，焊缝表面应呈现均匀的细鳞状，边棱、夹角处应光滑，不应有裂纹（包括母材）、夹渣、气孔、焊缝间断、弧坑、虚焊及咬边现象。

4.6.4 刀座与刀轴焊合处不应有脱焊现象。

4.7 装配质量

4.7.1 应按图样要求和装配工艺规程进行装配，所有零件和部件（包括外协件）都应符合质量要求。

4.7.2 对各零件和部件均应清洗干净，机械内部不应有切屑和其他污物。

4.7.3 V 带轮结构应符合 GB10412 的规定，两 V 带轮宽对称面的偏移量应不大于两轮

中心距 0.5%。

4.7.4 转动部位的零部件应运转灵活、平稳，无阻滞现象，无异常声响。

4.7.5 装配后甩刀与定刀间的间隙应保证不小于 10mm。

4.7.6 动力输出轴符合 GB 1592 的规定。

4.7.7 万向节传动总成：内、外传动轴应能保证在最高位置时不顶死，在工作状态时的接合长度不小于 150mm。

4.7.8 用手动转甩刀轴不应有卡滞和碰撞现象。

4.8　安全防护要求

4.8.1 产品设计应按 GB 10395.1 规定，满足安全要求。

4.8.2 应在危险部件标注永久性危险警告安全标志，其标志应符合 GB 10396 的规定，标志有：警告，维修时必须停机。

4.8.3 粉碎甩刀工作部件的顶部、前部和后部均应有防护罩，防护罩应安全可靠。

4.8.4 V 带轮等外露的回转件应设置防护罩，防护罩应安全可靠。

5　试验方法

5.1　试验方法

产品质量试验方法应按照经规定程序批准的有关技术文件的要求进行。

5.2　空载试验

5.2.1 空载试验应在总装配检验合格后进行。

5.2.2 空载试验应按表 1 的规定执行。

表 1　空载试验项目和方法

序号	试验项目	试验方法	标准要求
1	转动的灵活性和声响	感官	转动应平稳，无异常声响
2	防护安全	目测	外露转动部件应装防护罩、有警示标志
3	甩刀自由回转情况	目测	能自由回转，无阻滞现象
4	锁销和螺栓紧固情况	目测	紧固可靠
5	轴承温升	试验结束时即用温度计测定	≤40℃

5.3　负载试验

5.3.1 负载试验应在空载试验合格后进行。

5.3.2 负载试验的甘蔗田块应有代表性，其长度应不小于 30m。

5.3.3 试验用甘蔗叶含水率应不大于 25%。

5.3.4 负载试验应按表 2 的规定进行。

表 2　负载试验项目和方法

序号	试验项目	试验方法	标准要求
1	转动的灵活性和声响	感官	转动应平稳，无异常声响
2	防护安全	目测	外露转动部件应装防护罩、有警示标志
3	轴承温升	试验结束时即用温度计测定	≤45℃
4	作业小时生产率	测定单位时间的作业面积	≥0.15 hm²/h
5	捡拾率和粉碎率	捡拾率：计算单位面积内已捡拾的蔗叶与蔗叶总量之比；粉碎率：计算粉碎后长度≤20 cm的蔗叶与蔗叶总量之比	捡拾率：≥95%；粉碎率：≥80%
6	单位面积耗油量	测定单位面积的耗油量	≤35 kg/hm²

6　检验规则

6.1　出厂检验

6.1.1　产品出厂需经产品质量检验部门检验合格，并签发产品合格证后方可出厂。

6.1.2　出厂检验应实行全检，其检验项目及要求为：

——外观和油漆质量应符合 4.5 的规定；

——装配质量应符合 4.7 的规定；

——安全防护应符合 4.8 的规定；

——空载试验应符合 5.2 的规定。

6.1.3　用户有要求时，可进行负载试验，负载试验应符合 5.3 的规定。

6.2　型式检验

6.2.1　有下列情况之一时应对产品进行型式检验：

——新产品或老产品转厂生产；

——正式生产后，结构、材料、工艺等有较大改变，可能影响产品性能；

——正常生产时，定期或周期性抽查检验；

——产品长期停产后恢复生产；

——出厂检验结果与上次型式检验有较大差异；

——质量监督机构提出进行型式检验要求。

6.2.2　型式检验应实行抽检，抽样按 GB/T 2828.1 中正常检查一次抽样方案。

6.2.3　样品应在六个月内生产的产品中随机抽取。抽样检查批量应不少于 3 台（件），样本大小为 2 台（件）。

6.2.4　样品应在生产企业成品库或销售部门抽取，零部件在零部件成品库或装配线上已检验合格的零部件中抽取。

6.2.5 检验项目、不合格分类见表3。

6.2.6 判定规则

评定时采用逐项检验考核，A、B、C各类的不合格总数小于等于 Ac 为合格，大于等于 Re 为不合格。A、B、C各类均合格时，该批产品为合格品，否则为不合格品。

表3 型式检验项目、不合格分类和判定规则

不合格分类	检验项目	样本数	项目数	检查水平	样本大小字码	AQL	Ac	Re
A	1. 作业小时生产率 2. 捡拾率和粉碎率 3. 使用可靠性		3			6.5	0	1
B	1. 刀辊轴动平衡 2. 轴承温升、减速器油温及渗漏情况 3. 防护安全 4. 甩刀质量 5. 轴承与孔、轴配合尺寸	2	5	S-I	A	25	1	2
C	1. V带轮装配质量 2. 甩刀与定刀间隙 3. 漆膜附着力 4. 外观质量 5. 标志和技术文件		5			40	2	3
注：AQL 为合格质量水平，Ac 为合格判定数，Re 为不合格判定数。								

7 标志、包装、运输、贮存及技术文件

7.1 标志

产品应在明显部位固定标牌，标牌应符合 GB/T 13306 的规定。标牌上应包括产品名称、型号、技术规格、制造厂名称、商标、出厂编号、出厂年月等内容。

7.2 包装

7.2.1 产品在包装前应在机件和工具的外露加工面上涂防锈剂，主要零部件的加工面应包防潮纸，在正常运输和保管情况下，防锈的有效期自出厂之日起应不少于6个月。

7.2.2 产品可整体装箱，也可分部件包装，产品零件、部件、工具和备件应固定在箱内。

7.2.3 包装箱应符合运输和装载要求，箱内应铺防水材料。包装箱外应标明收货单位及地址、产品名称及型号、制造厂名称及地址、包装箱尺寸（长×宽×高）、毛重等。还应有"不得倒置""向上""小心轻放""防潮"和"吊索位置"等标志。

7.3 运输和贮存

产品在运输过程中，应保证整机和零部件及随机配件、工具不受损坏。产品应贮存在干燥、通风的仓库内，并注意防潮，避免与酸、碱、农药等有腐蚀性物质混放，在室

外临时贮放时应有遮篷。

7.4 随机技术文件

每台产品应提供下列技术文件：

——产品使用说明书；

——产品合格证；

——装箱单（包括附件及随机工具清单）。

资料来源：中国热带农业科学院农业机械研究所